钩针编织基础

GOUZHEN BIANZHI JICHU

邱佩芬　张佩华　崔运花　编著

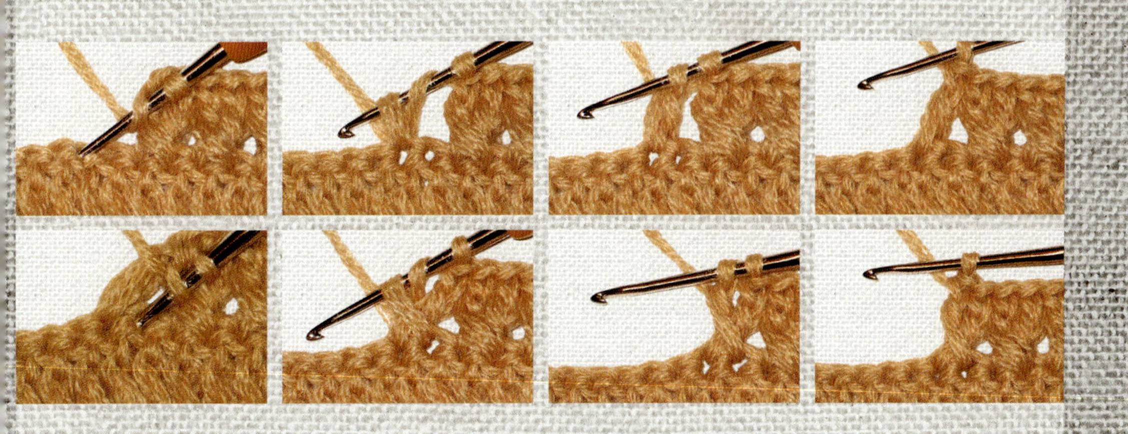

中国纺织出版社

内容提要

钩针的各种基本针法，起针、收针方法，加针、减针方法，领口、肩缝、侧缝的缝合方法，钩织品的各种连接方法，立体花的钩织方法，穿入装饰珠子的方法……从入门开始，从简单着手，不仅有清晰的步骤图示，还辅以详细的文字解说，使读者轻松享受钩针编织的乐趣。特别是以围巾、披肩、帽子、婴儿鞋、上衣等产品为例，从简单的起针开始，以详细的步骤图示范基础织法，配以简洁明了的钩织图，再加上详细的钩织要点，使初学者轻松体验钩织的成功。

图书在版编目（CIP）数据

钩针编织基础 / 邱佩芬，张佩华，崔运花编著. -- 北京：中国纺织出版社，2018.4（2023.6 重印）

ISBN 978-7-5180-4126-8

Ⅰ. ①钩… Ⅱ. ①邱…②张…③崔… Ⅲ. ①钩针—编织—图解 Ⅳ. ① TS935.521-64

中国版本图书馆 CIP 数据核字（2017）第 241455 号

策划编辑：孔会云　　责任编辑：孔会云　　责任校对：楼旭红

责任印制：何　建

中国纺织出版社出版发行

地址：北京市朝阳区百子湾东里 A407 号楼　邮政编码：100124

销售电话：010 — 67004422　传真：010 — 87155801

http://www.c-textilep.com

中国纺织出版社天猫旗舰店

官方微博 http://weibo.com/2119887771

北京通天印刷有限责任公司印刷　各地新华书店经销

2018 年 4 月第 1 版　2023 年 6 月第 7 次印刷

开本：710 × 1000　1/16　印张：8

字数：83 千字　定价：29.80 元

前 言

钩针编织衫延伸性大、弹性好，能紧贴人体，又不妨碍运动，且具有良好的柔软性，穿着舒适，服用性能优良，可作为内、外衣和工艺衫，并日益外衣化、时装化、个性化、流行化，深受人们喜爱。

随着时代的发展，钩针编织品已不仅仅是一种具有服用功能的产品，它更是一种工艺品，不但包含着智慧的设计过程、辛勤的手工编织过程，而且处处体现着对“美”的追求和阐释。

本书以最基本的操作技能为基础，介绍了钩针编织品的设计（包括款式设计、规格设计、组织结构设计、色彩设计、工艺设计）及操作技能、技巧，并通过实例介绍了目前流行的钩针手编服饰，富含创意及个性化。本书的特点如下：

❶ 重基础，对基本针法有详细的文字和图示说明，突出了织物的性能特点。

❷ 款式新颖，效果图绚丽多彩，可满足人们对美的追求。

❸ 通俗易懂的文字说明和清晰的编织结构和工艺图，能让读者轻松地学习编织。

衷心希望通过本书，使更多热爱编织的人学有所成、学有所用，不断拓展设计思路，以丰富的想象力和创意设计编织出更多赏心悦目的钩针编织品，创造美，享受美。

编著者

2018年3月

目录
CONTENTS

编织衫产品规格测量方法

怎样选择合适的钩针

手工钩针要求针杆直、材料光滑，可以用金属、塑料、竹、骨、象牙等各种有一定刚度的材料制成。一般长度为 15cm 左右。

从针头开始的 2.5cm 处要求针轴截面直径均匀，这段距离为编织时线圈套在钩针内来回运动的距离，如果不均匀会直接影响线圈的大小，针轴截面的直径为 0.5~10mm，根据不同粗细的编织线、不同松紧要求的编织品来选择不同粗细的钩针。

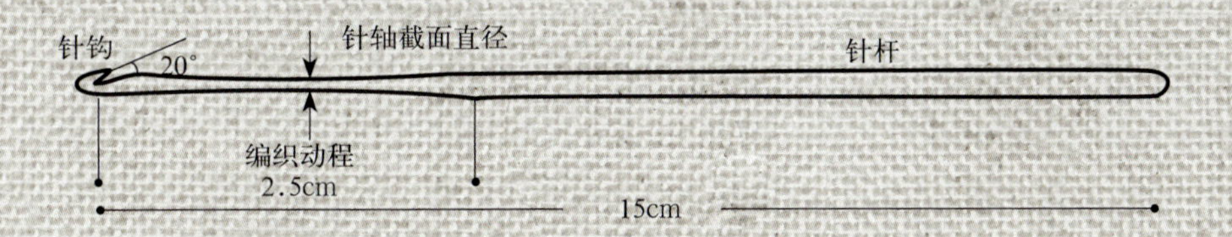

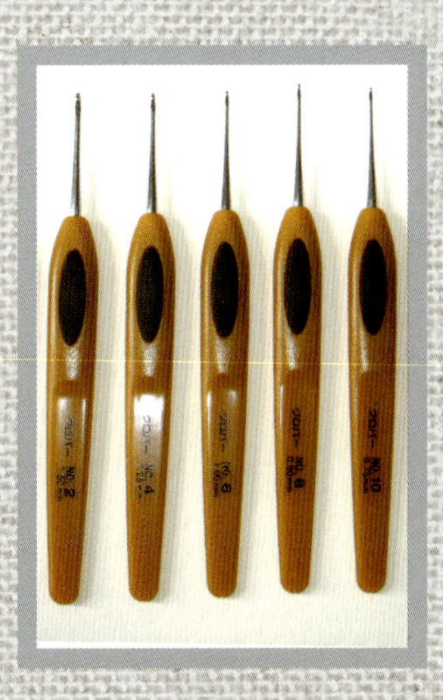

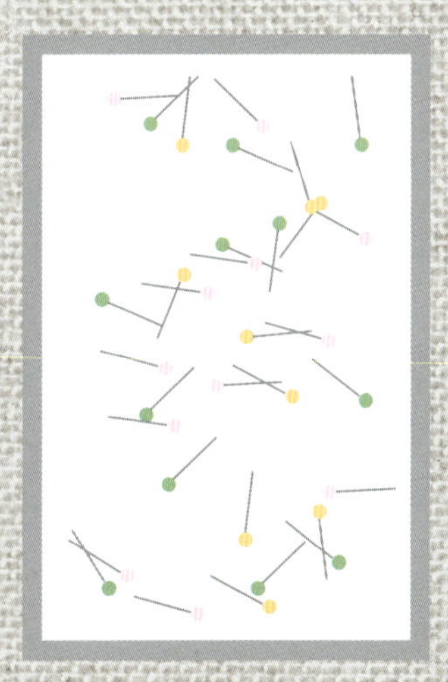

怎样选用钩针编织线

编织线的品种

常用的编织线有羊毛纱线、马海毛纱线、腈纶纱线、粘胶线（人造丝、亮丝）、花式纱线（闪色绒线、珍珠绒线、圈圈绒线、链条绒线、段染线、金属丝线）、真丝、麻类纱线、混纺纱线等。

通常，编织线有特粗、粗、中粗和细毛线之分。一般均为股线，有2股、4股，甚至多股线，也可以在编织中根据需要将不同的多股线合成1根编织。

各种编织线的特点

❶ 羊毛纱线：通常是精纺绵羊毛纱线，用它编织的产品弹性好、挺括、针路清晰，水洗后表面有一层短密的绒毛，既保暖又美观。洗涤时水温一般为 30~50℃，用中性洗涤剂。洗涤后可用熨斗熨压和整形，温度为 135~145℃，要用蒸汽，熨斗不要直接接触织物，最好加垫布和撑板。不宜用衣架挂晾。收藏时，加适量的防虫剂和干燥剂，然后用塑料袋密封，否则受潮后容易发霉和虫蛀。

❷ 马海毛纱线：十分光滑，有光泽，弹性好，手感软中有骨，编织产品经水洗处理，能充分体现表面较长且有光泽的纤维的独特风格，属高档产品。

❸ 腈纶纱线：色彩鲜艳，保暖性好，比羊毛纱线轻，强度比羊毛纱线好，耐光性好，抗霉防蛀，但易起毛起球，易产生静电而吸附灰尘。

❹ 粘胶线：又称人造丝、亮丝，光滑，耐热，弹性、保暖性较差。是夏季服饰编织常用的编织线。

❺ 花式纱线：可产生各种表面效果，如闪光、结子状、链条状、圈圈状、颜色逐渐变化状等效果。

❻ 真丝、麻类纱线：编织的产品穿着凉爽，富有光泽，高雅美观。

❼ 混纺纱线：常用的有羊毛 / 腈纶、兔毛 / 腈纶、兔毛 / 羊毛、羊绒 / 羊毛 / 锦纶、羊毛 / 麻、兔毛 / 麻、棉 / 麻纱线等。

识别不同编织线的方法

燃烧法

羊毛

燃烧速度不快，有时会自行熄灭，燃烧时有烧毛发的臭味，燃烧后生成黑色块、粒状，易碎后呈粉状、微粒。

腈纶

一面燃烧，一面熔融，火焰呈白色，明亮，有时略带黑烟，燃烧时有腥味，燃烧后呈脆而硬的黑色圆球。

棉|麻|粘胶纤维

燃烧速度较快，能自动蔓延，有烧纸气味，剩余物为灰烬（粘胶纤维）或白色粉末（棉、麻）。

手感

用手紧紧握住，松手后羊毛线复原快，腈纶线在手上有静电感。

看表面

羊毛线从毛茸上看有长短，腈纶线则整齐划一。

掂分量

纯羊毛线较重，腈纶线较轻。

观颜色

纯羊毛线颜色暗，腈纶线颜色鲜艳、光亮。

钩针基本针法

辫子针钩织法

  辫子针

1 右手捏住钩针，左手捏住线头处，食指挑起线，线团的一头沿着食指向无名指和小指握住的方向往下通过。

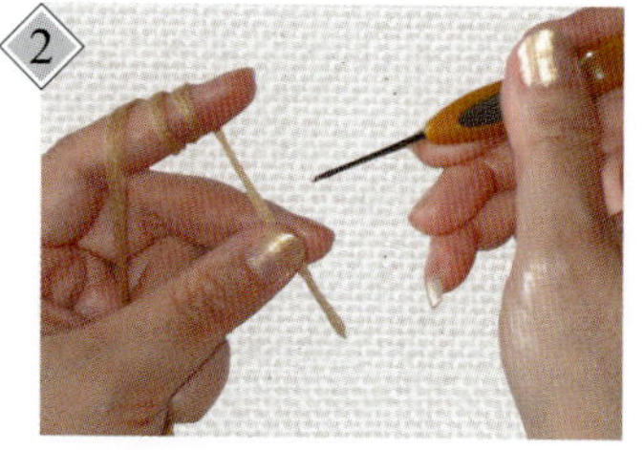

2 也可将线在食指上从内向外绕一两圈，这样能使引线张力略微大一些，有利于顺利编织。

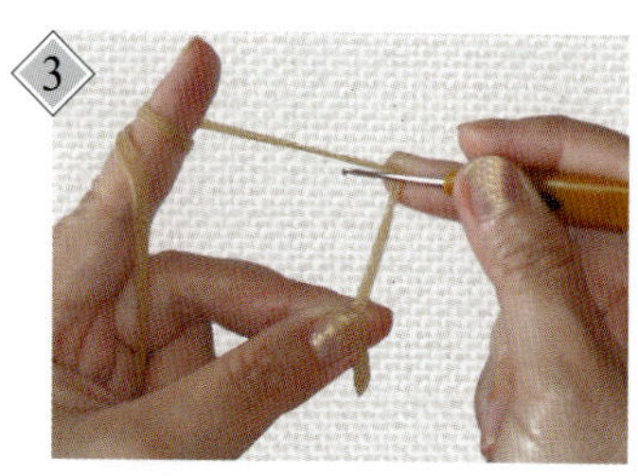

3 钩针插入左手食指挑起的位置与线头之间，并向右上方挑线。

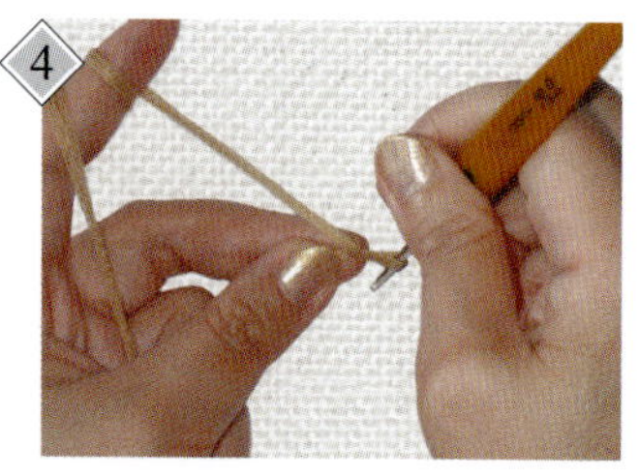

4 钩针从内向外转一圈，形成线圈。

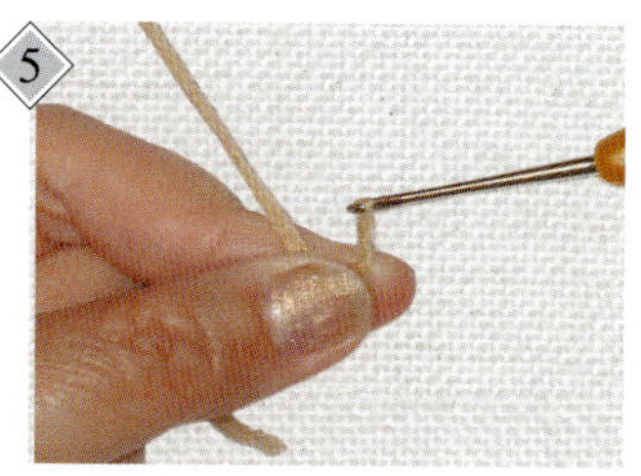

5 将拇指和中指捏线的位置移到线扭转成线圈后的交接点，使线圈略微大些。

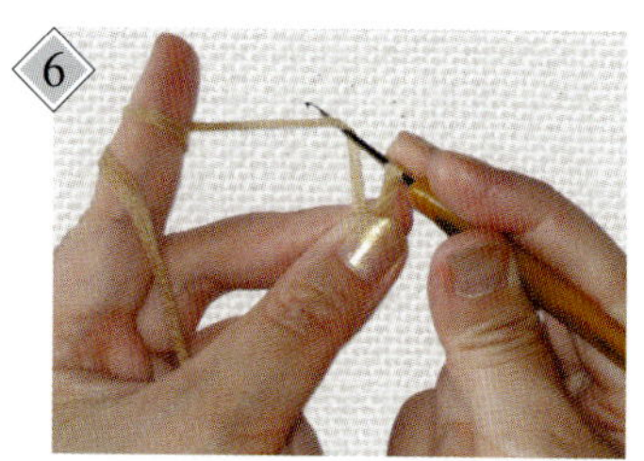

6 钩针从内向外把线绕一圈。

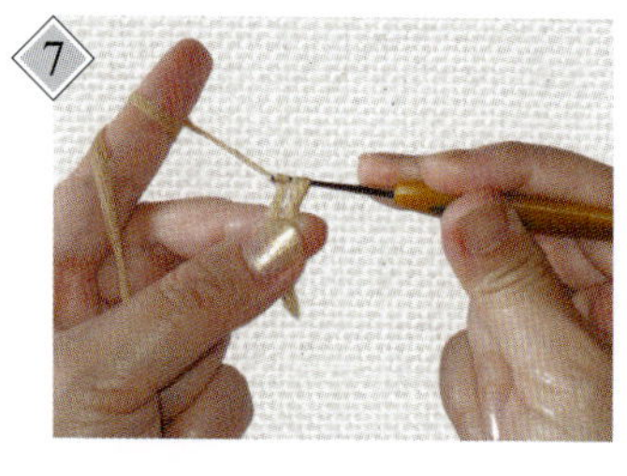

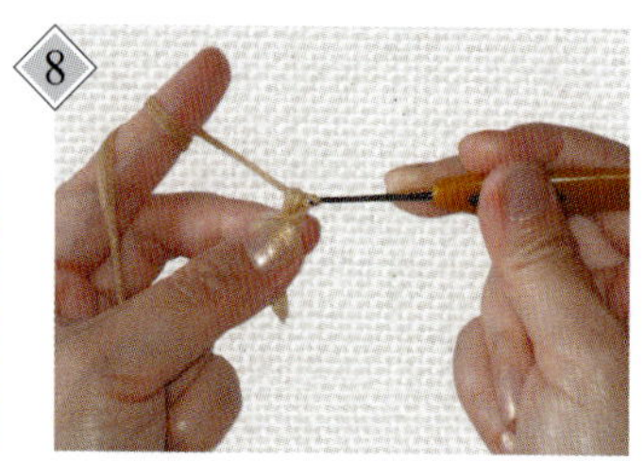

7 然后向右拉。

8 直到绕在针钩里的线套过原来起头的线圈。

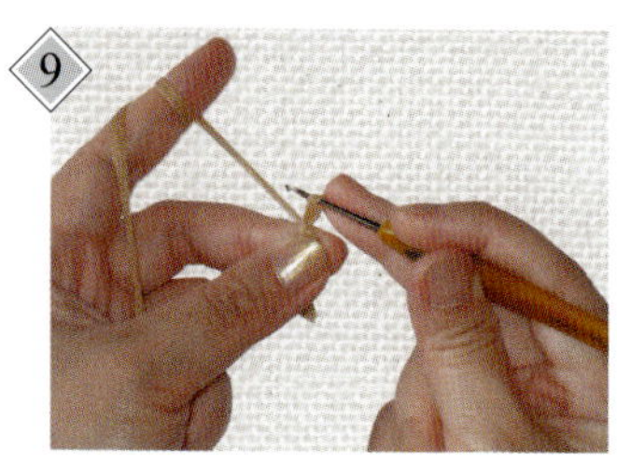

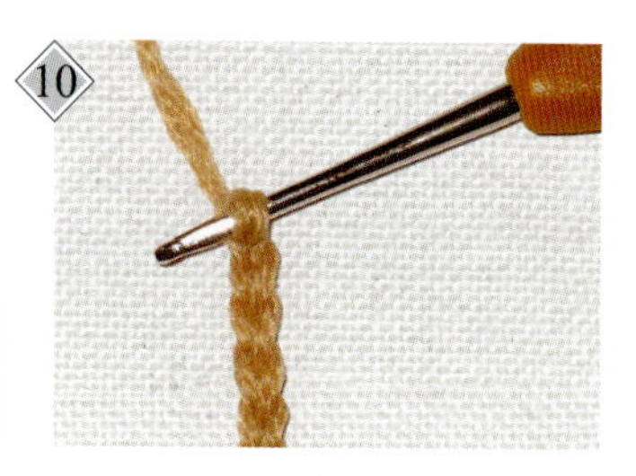

9 形成新线圈。

10 再重复步骤 6~9，钩出所需的针数。

短针类钩织法

  短针

1 钩 1 行辫子针作为底针，钩 1 针辫子针作为起立针。

2 将钩针插入倒数第 2 针辫子的线圈中。

3 将线在钩针上由外向内绕 1 圈。

4 钩出线圈。

5 再将线在钩针上由外向内绕 1 圈。

6 将原来钩针上的 2 个线圈合并，钩出 1 个新线圈，形成短针。

退钩短针

1 从左向右钩织，先钩 1 针辫子针。

2 将钩针插入前 1 行相邻短针的顶端。

3 绕上线，钩 1 针短针。

4 重复步骤 2 ~ 3，从左向右逐针钩退钩短针。

小贴士

退钩短针一般用在服饰边缘的最后 1 行，目的是使边缘服帖，如果插入前 1 行，在每 1 针短针上钩退钩短针，可用比原编织线略细的线，编织密度可紧密些；如果隔针插入前 1 行短针上钩退钩短针，可用比原编织线略粗的线，编织密度可稀疏些。

扭转短针

1 将钩针插入前1行左边相邻短针孔顶端，绕上线钩出来的线圈略微拉长。

2 将钩针上的2个线圈逆时针方向转360度。

3 绕上纱线，2针并1针。

4 重复步骤1～3，逐针钩扭转短针。

小贴士

扭转短针所用编织线的粗细和编织密度与退钩短针的要求一样。

半圈短针

1 将钩针插入前1行短针顶端线圈后面的圈柱中。

2 绕上线钩1针短针。

3 重复步骤1～2，逐针钩出半圈短针。

小贴士

半圈短针也可以将钩针插入前1行短针顶端线圈前面的圈柱中。

双叠短针

1 先钩 1 行短针作为内层织物。
2 再钩 1 行短针作为外层织物。

3 继续向上钩 1 行内层短针。
4 再钩 1 行外层短针，形成加厚编织物。

小贴士

步骤 2 所说的“再钩 1 行短针作为外层织物”，即每 1 针都插入前 1 行同一位置，使该行短针将前行短针包覆在内。2 行相当于钩了 1 行，从而形成双层编织物。

退钩拉短针

1 从左向右钩，将钩针内的线圈略微拉长，取出钩针。

2 将钩针从长线圈正面穿入，并插入前 1 行相邻短针的顶端，收回长线圈的余线。

3 绕上线直接拉出新线圈。

4 将钩针插入图示中的 2 个线圈内。

5 绕上线钩 1 针短针。

6 从左向右重复钩织，形成花边。

拉针类钩织法

拉针

1 钩数行短针作为底针。

2 将钩针插入前 1 行短针的顶端。

3 将线在钩针上由外向内绕 1 圈。

4 直接拉出线圈。

狗牙拉针

1 钩数行短针作为狗牙拉针的底针。

2 先钩2～3针短针，再钩3～5针辫子针。

3 钩针插入第 1 针辫子针拉出的 2 个线圈中。

4 将线在钩针上由外向内绕 1 圈。

5 将新线圈直接拉出。

6 再将钩针插入原来的短针位置。

7 绕上线钩 1 针拉针。
8 将钩针间隔 1 针短针的位置插入，重复步骤 2 ~ 8。

小贴士

组成狗牙拉针的辫子针数量可以根据个人的喜好来定，不一定根据编织符号上的针数，一般常用 3 ~ 5 针，相邻两个狗牙拉针之间相隔 2 ~ 3 针短针。狗牙拉针用于服饰边缘的最后 1 行。注意在圆角处，短针数量可以根据圆角的大小和凹凸酌情增减。

长针类钩织法

中长针

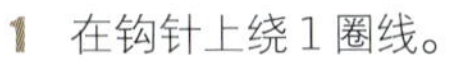

1 在钩针上绕 1 圈线。
2 钩针插入底针线圈中。

3 钩出编织线。
4 钩针绕上线，将线圈 3 并 1，形成中长针。

长针

1 在钩针上绕 1 圈线。

2 钩针插入底针线圈中。

3 钩出编织线。

4 在钩针上绕上线，将线圈 2 并 1，形成长针。

5 再在钩针上绕上线，将线圈 2 并 1。

6 重复步骤 1 ~ 5，形成长针。

长长针

1 在钩针上绕 2 圈线。

2 钩针插入底针线圈中。

3 钩出编织线。

4 在钩针上绕上线，将线圈 2 并 1。

5 再在钩针上绕上线，将线圈 2 并 1。

6 继续在钩针上绕上线，将线圈 2 并 1，形成长长针。

三卷长针

1 在钩针上绕 3 圈线。

2 钩针插入底针线圈中。

3 绕上线后钩出一个新线圈。

4 在钩针上绕上线，将线圈2并1。

5 再在钩针上绕上线，将线圈2并1。

6 继续在钩针上绕上线，将线圈2并1。

7 继续在钩针上绕上线，将线圈2并1。

8 重复步骤1～7，形成三卷长针。

外钩长针

1 先钩1行长针，并钩3针辫子针作为起立针，在钩针上绕1圈线。

2 钩针在前1行长针右侧从正面向反面插入，在该长针左侧向正面穿出。

3 在钩针上绕上线，拉出线圈。

4 在钩针上绕上线，将线圈2并1。

5 再在钩针上绕上线，将线圈2并1。

6 重复步骤1～5，形成外钩长针。

内钩长针

1 先钩1行长针，并钩3针辫子针作为起立针，在钩针上绕1圈。

2 钩针在前1行长针右侧从反面向正面穿出。

3 钩针在前1行长针左侧从正面向反面插入。

4 在钩针上绕上线，拉出线圈。

5 在钩针上绕上线，将线圈2并1。

6 再在钩针上绕上线，将线圈2并1，形成内钩长针。

交叉长针

1 钩针上绕1圈线，插入前1行原位偏左1针线圈中。

2 绕上线，钩出线圈。

3 绕上线，2针并1针，同时将钩织点拉到中点位置。

4 再将线圈拉长到最高位置，绕上线，2针并1针。

5 再在钩针上绕上线，插入原位。

6 绕上线，钩出线圈。

7 绕上线，2针并1针，同时将编织点拉到中点位置，并将前1长针交叉包覆在该长针内。

8 再将线圈拉长到最高位置，绕上线，2针并1针，形成交叉长针。

小贴士

交叉长针就是将相邻2针长针换位钩织。

交叉长长针

1 在钩针上绕2圈线，插入前1行第1针的位置。

2 然后绕上线，钩出线圈。

3 在钩针上绕1圈,2针并1针，并将线圈拉长到交叉长长针的中心位置。

4 再在钩针上绕1圈，插入前1行间隔2针的位置。

5 钩出线圈，然后绕上线。

6 2针并1针，并拉长到中心位置，此时钩针上有4个线圈。

7 在钩针上绕上线,2针并1针。

8 再在钩针上绕上线，2针并1针，逐渐拉长线圈。

9 继续在钩针上绕上线，2针并1针。

10 钩 2 针辫子针，绕 1 圈线。

11 插入前面形成的分岔接点中，斜向插入中心的 2 个线圈。

12 钩出线圈，绕上线。

13 2 针并 1 针。
14 再绕上线，2 针并 1 针，形成交叉长长针。

叉形长长针

1 在钩针上绕 2 圈线，插入前 1 行 Y 形的中点位置。

2 然后绕上线，钩出线圈。

3 在钩针上绕线，2 针并 1 针，并将线圈拉长到叉形长长针的中心位置。

4 在钩针上绕上线,2 针并 1 针。

5 再在钩针上绕上线，2 针并 1 针。

6 钩 1 针辫子针，绕 1 圈线。

7 插入前面形成的长长针的中点（斜向插入中心的 2 个线圈之间）。
8 钩出线圈，绕上线。

9 2 针并 1 针。
10 再绕上线，2 针并 1 针，形成叉形长长针。

倒叉形长长针

1 钩 2 针辫子针，以后同交叉长长针步骤 1 ~ 9 进行钩织。
2 钩若干针辫子针，重复钩织，形成倒叉形长长针。

枣形针类钩织法

中长针枣形针

1 钩针上绕 1 圈线，将钩针插入前 1 行针孔中，拉出线圈。

2 再在钩针上绕 1 圈线，将钩针插入前 1 行同一针孔中，拉出线圈。

3 继续在钩针上绕 1 圈线，将钩针插入前 1 行同一针孔中，拉出线圈。

4 在钩针上绕上线，将所有线圈全部并成1针。

5 再钩1针辫子针锁住线圈。

6 重复钩织，形成中长针枣形针。

长针枣形针

1 钩针上绕1圈线，将钩针插入前1行针孔中，拉出线圈。

2 钩针上绕上线，2针并1针。

3 再在钩针上绕1圈线，将钩针插入前1行同一针孔中，拉出线圈。

4 钩针上绕上线，2针并1针。

5 再在钩针上绕1圈线，将钩针插入前1行同一针孔中，拉出线圈。

6 钩针上绕上线，2针并1针，此时钩针上共有4个线圈。

7 在钩针上绕上线，将所有线圈全部并成1针。

8 再钩1针辫子针锁住线圈，形成长针枣形针。

 中长针辫子枣形针

1 钩针上绕1圈线、将钩针插入前1行针孔中，拉出线圈。

2 如同中长针枣形针，再重复2次（均在同一点插入）。此时钩针上共有7个线圈。

3 在钩针上绕上线，将线圈并成2针。

4 再在钩针上绕上线，2针并1针，形成中长针辫子枣形针。

 金丝蜜枣针

1 将钩针插入前1行1个针孔中钩长针。

2 连续钩5针长针。

3 将钩针内的线圈略微拉长，取出钩针。

4 将钩针从第1针长针顶端插入。

5 将第5针长针上的长线圈钩出，同时将5针长针形成的扇面向内弯成立体形。

6 重复钩织，形成金丝蜜枣针。

小贴士

组成枣形针类的中长针或长针，均可根据需要增减中长针或长针的针数，针数越多，立体感越强。一般常用的组成1个中长针枣形针或长针枣形针的中长针或长针针数为3针和5针；组成1个金丝蜜枣针的长针针数为5针；另外，也可扩展为长长针枣形针、多卷长针枣形针等。

萝卜丝针类钩织法

萝卜丝短针

1 钩1行短针作为底针。

2 用左手中指压住编织线。

3 将钩针插入前1行短针顶端。

4 钩针在左手中指和食指间将编织线绕上。

5 2针并1针。

6 将左手中指移开套住的线圈，这样就形成了一个萝卜丝针圈。

萝卜丝长针

1 钩1行短针作为底针，并在钩针上绕上线。

2 用左手中指压住线。

3 将钩针插入前1行短针顶端。

4 钩针在左手中指和食指间将线带上。

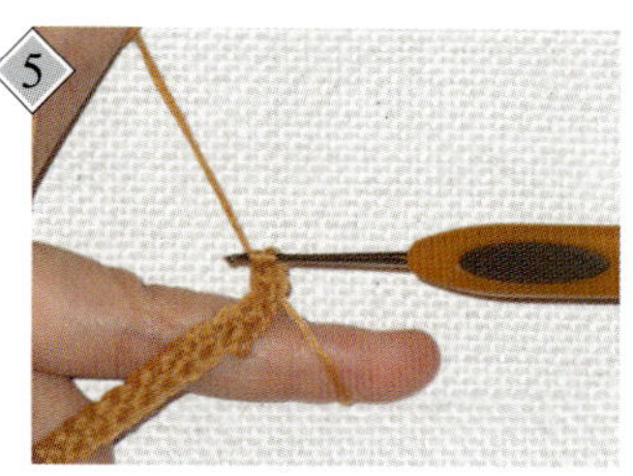

5 2针并1针。

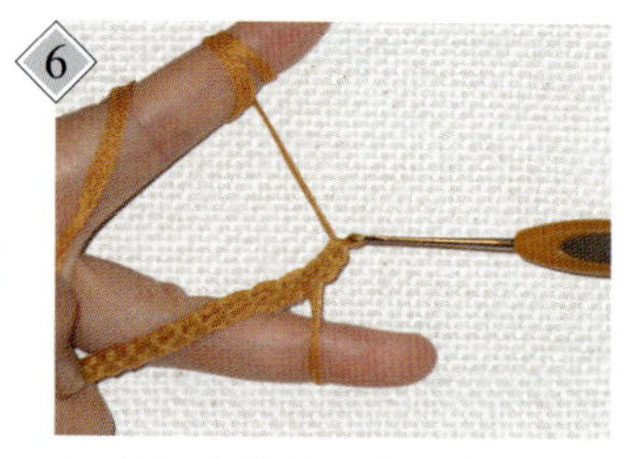

6 继续在钩针上绕上线，2针并1针。

7 将左手中指移开套住的线圈，就形成了一个萝卜丝针圈。
8 重复钩织，形成1行萝卜丝长针。

小贴士

萝卜丝短针和萝卜丝长针可以根据密度的不同进行变化，可以满针钩织、隔针钩织、每行钩织、隔行钩织、单面萝卜丝线圈、双面萝卜丝线圈；也可以1行短针、1行长针。萝卜丝线圈的大小也可以根据需要用左手中指控制。

花式针类钩织法

锁链针

1 起头先钩2针辫子针，将线圈拉长到所需要的长度。

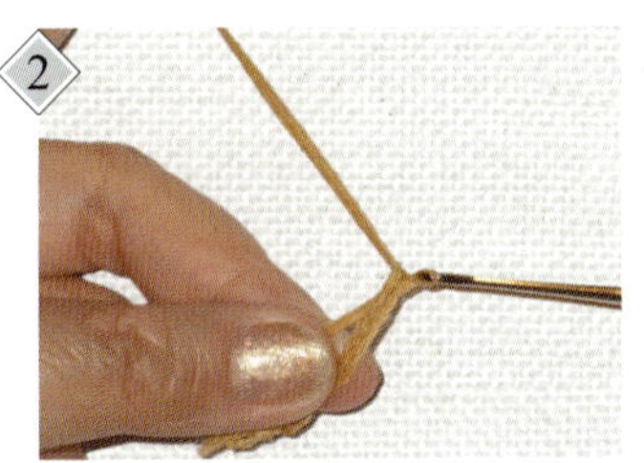

2 用左手大拇指和中指捏住编织线，钩针绕上线，钩出长线圈。

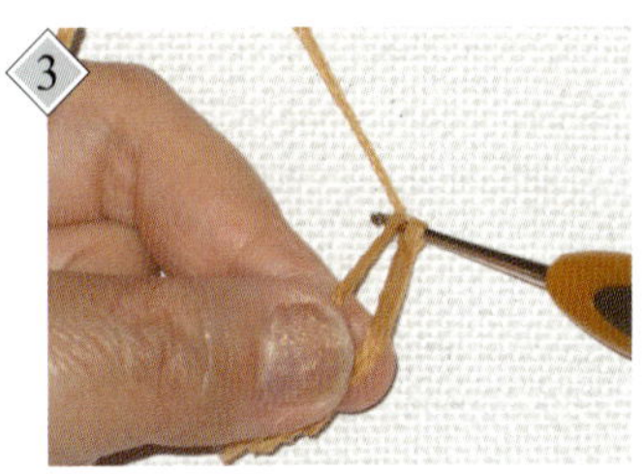

3 将钩针插入编织线与长线圈之间的空隙内。

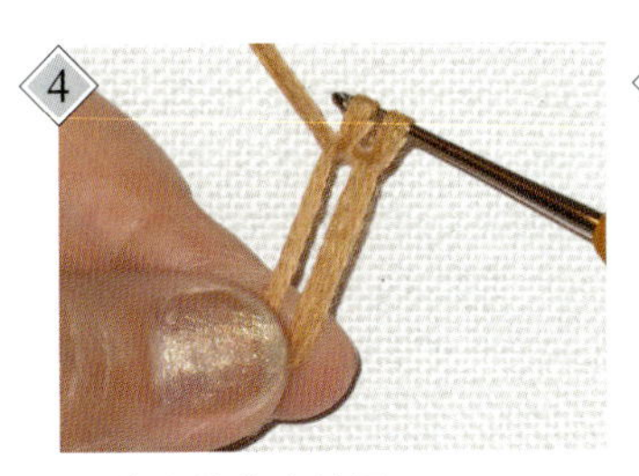

4 绕上线钩出线圈。

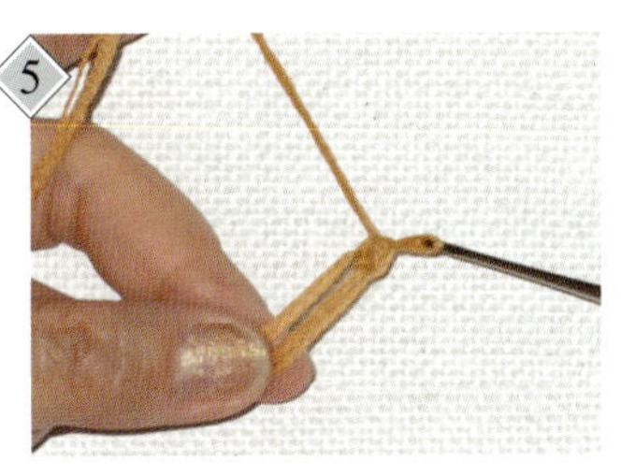

5 再绕上线，2针并1针，形成1个锁链针。

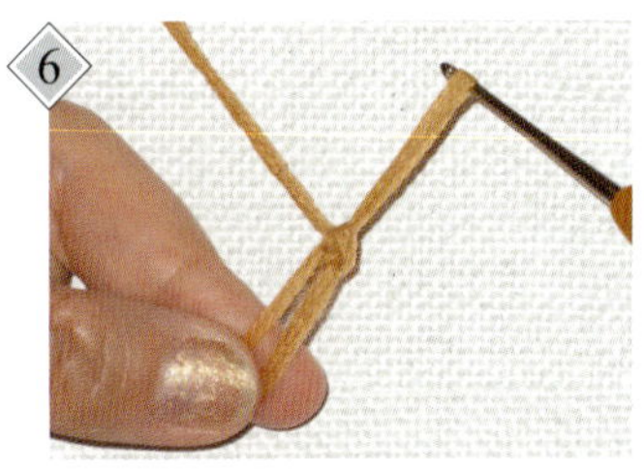

6 将线圈拉长到所需要的长度，继续钩织下一个锁链针。

单辫针

1 钩1行短针作为底针，钩1针辫子针，将线圈拉长到所需要的长度。

2 插入底针线圈中。

3 绕上线，钩出线圈。

4 再绕上线，钩1针辫子针。

5 将线圈拉长到与前面长线圈同样的长度。

6 重复步骤2～5,形成单辫针。

多辫针

1 钩1行辫子针作为底针，再钩5针辫子针作为起立针。

2 钩针插入底针倒数第6针的圈柱，钩1针长长针。

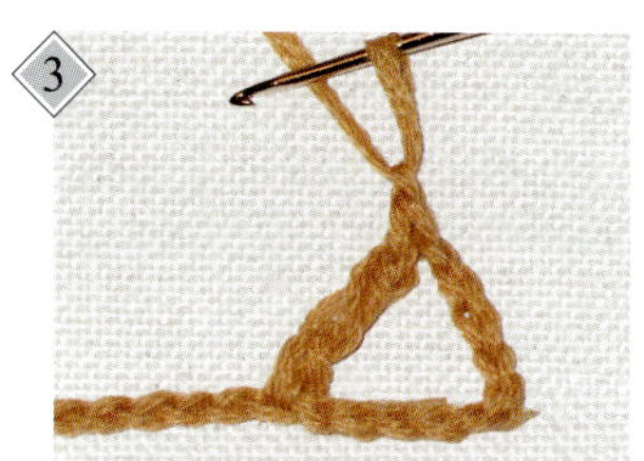

3 钩1针辫子针后将线圈拉长到合适的长度。

4 以长长针为底针，钩若干个单辫针。

5 最后1针单辫针插入长长针所插底针的同一位置固定。

6 钩针上绕上线，将这些单辫针长线圈并成1针。

7 再钩1针辫子针锁紧。

8 钩针插入底针间隔5针辫子针的位置，钩1针长长针，重复步骤3～7，形成1行多辫针。

圆圈针

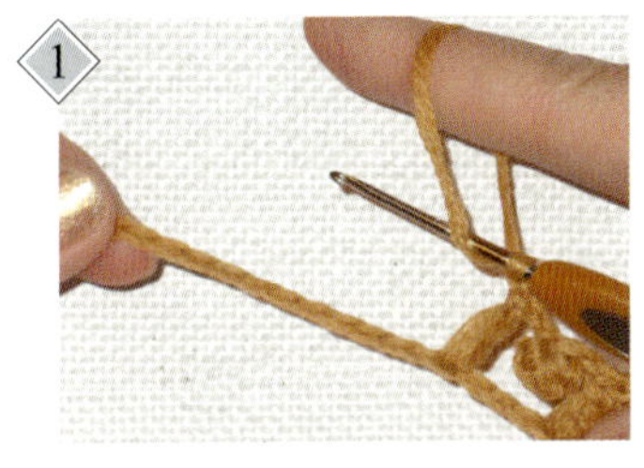

1 用右手食指按图示方向将编织线套在钩针上。

2 反方向再套1次。

3 根据需要套一定的次数，重复步骤1～2。

4 钩针绕上线，一次钩出并拉紧，重复钩织，形成圆圈针。

四圈针

1 钩1行由2针中长针组成的中长针枣形针作为底针和起立针，并将线圈拉长到枣形针同样的长度。

2 钩针上绕1圈线插入接点处，钩出线圈，拉到同样长度。

3 钩针上绕1圈线，插入前1个枣形针接点处，钩出线圈，拉到同样长度，然后再重复1次。

4 钩针绕1圈编织线，插入前1个枣形针接点处，钩出线圈，拉到同样长度，然后再重复1次。

5 钩针绕上线，将这些长线圈一次并成1针，再钩1针辫子针锁紧。

6 重复步骤2～5，形成四圈针。

米粒针

1 将编织线在钩针上连续绕3圈。

2 将钩针插入前1行短针顶端，绕上线钩出。

3 绕上线钩3卷长针。

4 插入原短针顶端钩1针拉针，重复钩织，形成米粒针。

珍珠针

1 将钩针插入前1行短针的顶端，钩出线圈。

2 连续钩5针辫子针。

3 绕上线，2针并1针。

4 插入原短针顶端，钩1针拉针。
5 重复钩织，形成珍珠针。

多卷针

1 用钩针将编织线重复绕所需要的圈数。
2 将钩针插入前1行某位置，钩出线圈。

3 再绕上线，从卷绕圈中心一次钩出。
4 重复钩织，形成多卷针。

钩针起针、加针、减针及缝合方法

起针法

一线形起针法

小贴士

一线形起针法就是用辫子针构成一条线形状的底针的起针方法，具体操作步骤同钩针基本针法中的辫子针钩织法。这一起针方法一般是往返钩织的钩针编织品起头用的，将起头辫子行作为底针，然后往返钩织，一般情况下不分正反面。

圆形起针法

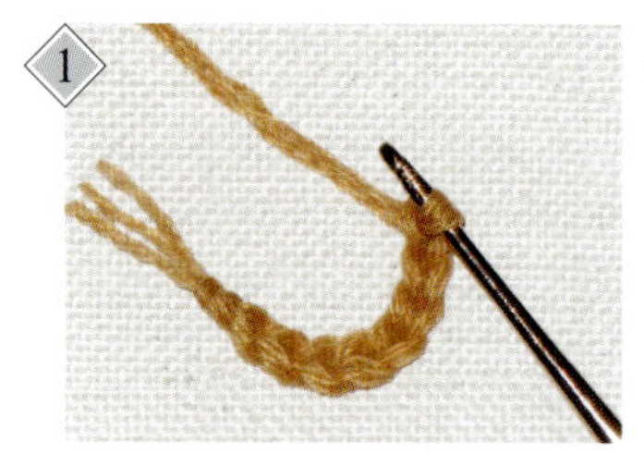

1 用上述的一线形起针法起针，根据花型中心圆孔的大小钩一定数量的辫子针，注意辫子针数必须比围成圈的针数多 2 针。

2 将钩针插入起针处第 2 个线圈的 1 根线上。

3 将右手中指逆时针方向推动辫子围成的圆圈。

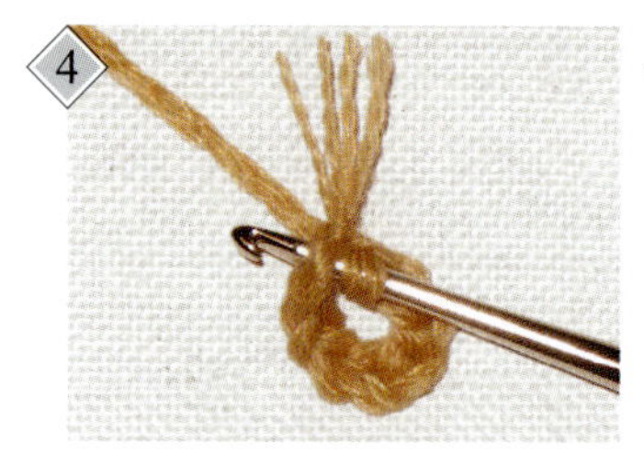

4 这时钩针插入辫子上面是 2 根线，下面是 1 根线。

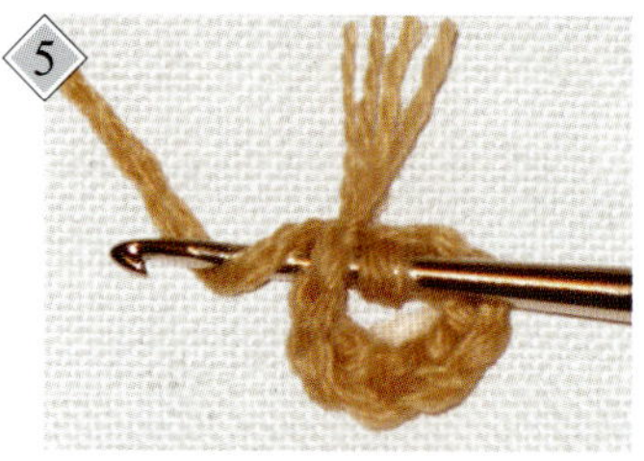

5 钩针从内向外把线绕一圈，然后向右拉。

6 直到绕在针钩里的线套过原来起头的线圈，形成新线圈。

小贴士

圆形起针法就是用辫子针围成圆形的起针方法，一般用于钩织圆形织物的起头，形成的圆圈作为底针，这种方法形成的中心圆孔大小是根据辫子针的针数来定的。辫子针数越多，孔就越大；辫子针数越少，孔就越小。辫子针数一般为 5 ~ 8 针。

绕线起针法

1 将线在手指上绕 1 ~ 2 圈，形成圆圈，然后将钩针插入圆孔。

2 钩针从内向外把线绕一圈，从圆孔中钩出 1 个线圈。

3 如果第一圈是短针，先钩 1 针辫子针作为起立针。

4 将钩针再次插入圆孔，绕上线从圆孔中钩出 1 个线圈。

5 继续在钩针上绕上编织线，将线圈 2 并 1，形成新线圈。

6 重复步骤 4 和 5，钩满整个圆圈。

小贴士

绕线起针法就是用线绕成圆圈的起针方法，一般用于钩织圆形织物的起头，形成的圆圈作为底线。这种方法形成的中心是无孔的，因为线头可以抽紧并在反面固定。一般用于不需要中心孔的情况，如帽子的顶部圆心、整件钩针衫中心起头等。

加针法

局部加针法

1 在织物中需要加针的位置先钩一条辫子作为底针。

2 钩到下 1 行时，在加出来的辫子针上钩相应的针法结构或花型。

3 与原有的针法结构和花型连接起来。

小贴士

在步骤 1 中，加针处辫子的针数决定加针的多少。

均匀加针法

1 在织物中需要加针的位置插入钩针。

2 然后在第 2 个需要加针的位置钩出与步骤 1 中相同的针数来。

3 加针的每一处均匀分布在织物的同 1 行中。

小贴士

均匀加针法也叫分针加针法。在步骤 1 中，从前 1 行 1 个针眼中钩出的针数决定加针多少。

减针法

局部减针法

1 在钩到某 1 行需要减针的位置，不再继续往前钩。

2 而是反方向钩下 1 行，此时减去的针数就是前 1 行没钩的针数。

3 一般长针的高度（即 3 针辫子针的高度）的花型比较多，先钩 3 针辫子针作为起立针。

4 如果需要继续减针，可以将钩针插入前 1 行花型的顶部，钩长针后再并针。

5 此图为起立针（3 针辫子针）与相邻 2 针长针的并针示例。

6 此图为起立针（3 针辫子针）与相邻 3 针长针的并针示例。并针的针数根据减针的需要来定。

均匀减针法

1 在织物中需要减针的位置，将钩针插入前 1 行顶部多个针眼中。

2 然后将多个线圈合并成 1 针。

3 减针的每一处均匀分布在织物的同 1 行中。

小贴士

步骤 1 中，插入的针数决定减针的多少。

缝合法

缝合边缘以长针为例

1 将 2 片需要缝合的编织品正面相对对齐，缝合边缘。

2 在反面将线头固定在一端。

3 钩 3 针辫子针，将钩针插入 2 层编织品边缘的长针接点位置。

4 钩 1 针拉针。

5 再钩 3 针辫子针，在下一个长针接点处钩 1 针拉针。

6 重复钩织，注意辫子针的针数可以根据编织品每行的高度变化。

钩针编织品的连接方法

辫子针网格连接法

用于 2 片编织品最外圈都是辫子针网格的情况

1 将第 1 片花样完整地钩好，断线。

2 第 2 片花样钩到最后 1 圈时与第 1 片花样连接。

3 钩短针将该接点连接起来。

4 然后连接中间的各接点。

5 钩拉针将该接点连接起来。

6 钩到另一个角用与步骤 2、3 同样的方法，钩针从反面插入，用短针连接该接点。

7 连接下一排花的中间时，钩针从正面插入，全部用拉针连接。

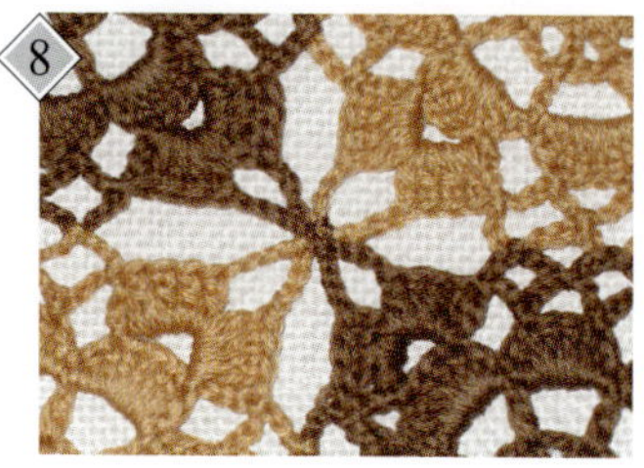

8 角上第 1 次钩针从反面插入，用短针连接，后 2 次钩针都从正面插入，用拉针连接。

小贴士

步骤 2 中：第 2 片花样与第 1 片连接时，先钩辫子针数的一半，钩针从反面插入第 1 片花样角上的网格内。步骤 4 中：连接中间的各接点时，钩辫子针数的一半，钩针从正面插入第 1 片花样中间由辫子针组成的网格空档内。

辫子针锯齿形连接法

用于网格、纵横向短针、长针、长长针等

1 将连接线固定在第 1 片编织品的一端边缘。

2 钩辫子针。

3 钩针从正面插入第 2 片编织品边缘，用拉针连接。

4 继续钩相同的辫子针数，钩针从正面插入第 1 片编织品的边缘。

5 钩拉针连接。

6 依次重复，连接到另一端。

长针单辫子连接法

用于 2 片编织品最外 1 行都是长针的情况

1 钩好第 1 片花样。钩第 2 片花样最后 1 行长针时，不要合并最后 2 个线圈。

2 先从第 1 片编织品正面图示位置插入。

3 再绕上线，把钩针上所有的线圈合并成 1 针。

4 接着钩第 2 片上的长针，重复逐针并钩，把第 1 片长针顶端的辫子遮盖住，留下连接的单条辫子。

长针双辫子连接法

用于 2 片编织品最外 1 行都是长针的情况

1 钩好第 1 片花样。钩第 2 片花样最后 1 行长针时，不要合并最后 2 个线圈。

2 钩针从第 1 片编织品侧面图示位置插入。

3 再绕上线，把钩针上所有的线圈合并完。

4 接着钩第 2 片的长针，重复逐针并钩，拼接处形成相向的两条辫子。

长针套针连接法

用于 2 片编织品最外 1 行都是长针的情况

1 钩好第 1 片花样。钩第 2 片花样最后 1 行长针时，先钩 1 针长针。

2 然后把线圈略微拉长，取出钩针，将钩针从第 2 片编织品正面图示位置插入。

3 将第 1 片上的长线圈从第 2 片的反面套向正面。

4 收回余线，使线圈到正常大小，继续在第 1 片上钩下一针长针，重复逐针编织。

一色拼花一线连接的方法

1 从圆心起针，将第 1 片花样钩好，注意最后 1 个网格钩成 3 针辫子针和 1 针长针，结束点为网格中点，并将线团套入线圈，使线圈锁住不会脱圈。

2 以钩好的第 1 片花样为基准，将编织线从锁住点位置开始，沿着花样径向从最近的路线测量到圆心边缘位置。

3 用尺测量两点之间的距离。

4 从测量的尺寸加上 1cm 长度的位置开始钩第 2 片花样。

5 如果第 3 片花样与第 2 片是横向连接，先钩圆心辫子针数的一半。

6 另一半钩长针，该长针与另一半辫子针一样长。

7 这样使第 2 片花样的起始点位置与第 1 片的浮线位置相差 180°，为继续钩横向连接的第 3 片做准备。

8 开始钩第 2 片完整的花样，每一圈钩到浮线的位置都要将浮线带入，沿着径线藏在花样反面。

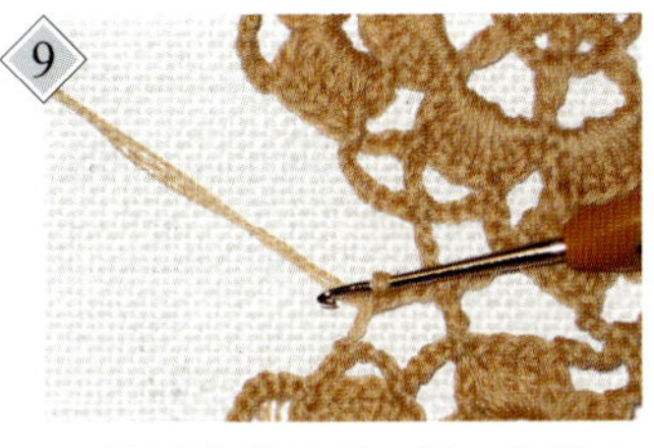

9 钩到花样最后一圈，将第 1、第 2 片花样在相应位置连接起来。

10 钩到花样结束，将线团套入线圈，使线圈锁住不会脱圈。

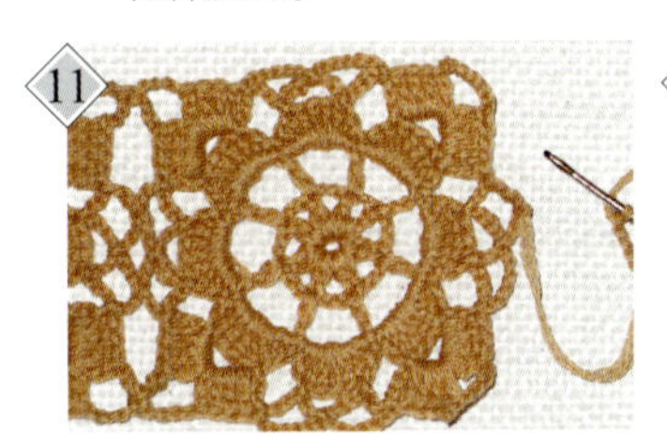

11 如果下一片仍然是横向连接，用步骤 5~10 同样的方法钩织。

12 如果下一片要换方向，是向上纵向连接，则先钩圆心辫子针数的 3/4。

13 另 1/4 钩长针替代，该长针的长度与 1/4 辫子针长度一样，这样使下一片花样的起始点位置与前一片的浮线相差 90°，为钩纵向连接花样做准备。

小贴士

如果下一片花样还要换其他方向，同样可用此方法，举一反三。

二色拼花一线连接一圈的方法

1 从圆心起针，将第 1 色花样逐片钩好并断线。

2 用第 2 色固定在第 1 片花样上方作为起始点。

3 钩到第 1 片花样的左边与第 2 片的连接点位置。

4 钩辫子针到第 2 片相应位置连接。

5 开始沿着第 2 片右边缘钩织，边钩边连接第 1 片左边缘上与第 1 片的对应点。

6 钩到第 2 片的上方，再钩到第 2 片的左边。

7 同步骤 3~6 的方法，从右向左将花样的上半部分逐个连接起来。

8 开始从左向右钩花样的下半部分。

9 钩到花样与上半部分的交接点，先钩一半辫子针，与上半部分两片间已钩好的辫子针中间连接。

10 并将下半部分两花样间左右边缘也连接起来。

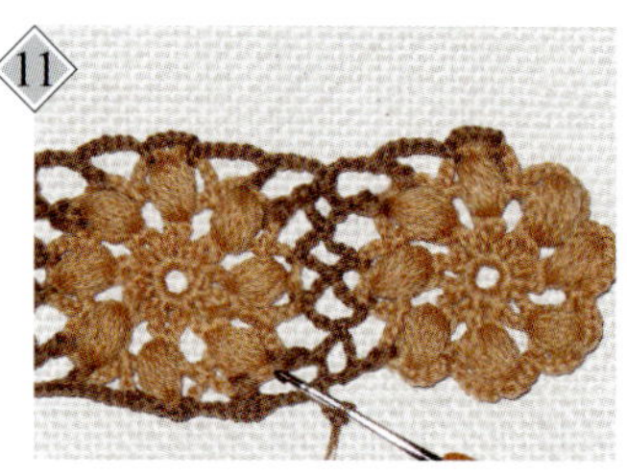

11 以后继续向右钩，并用步骤 9、10 的方法逐个连接花样的下半部分。

12 钩到第 1 片花样的下方与第 2 排第 1 片花样连接点位置要转向，向下纵向连接。

13 钩辫子针到第 2 排第 1 片花样相应位置连接。

14 开始沿着第 2 排第 1 片花样上边缘钩织，边钩边连接第 1 排第 1 片花样下边缘上的对应点。

15 钩到第 2 排第 1 片花样的左边，开始横向连接第 2 排的第 2 片花样。

16 用前面同样的方法将花样逐个、逐排地连接起来。

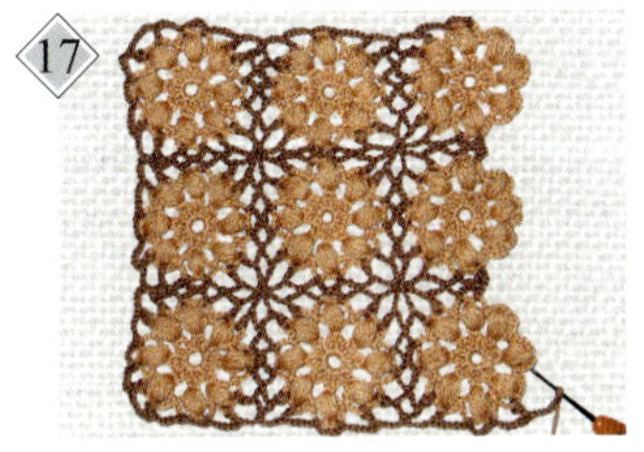

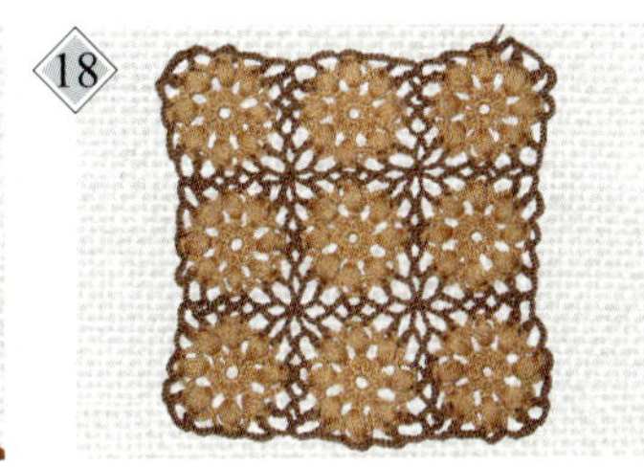

17 连接完所有的花样后，沿着最后一排的下边缘钩。

18 最后钩右边缘到起始点断线。

小贴士

步骤 4 中：钩辫子针到第 2 片花样相应位置连接时，所钩的辫子针数是第 1 片花样上连接线的辫子针数和第 2 片花样上连接线的辫子针数之和。步骤 13 中：钩辫子针到第 2 排第 1 片花样相应位置连接时，所钩的辫子针数的一半是第 1 排第 1 片花样上连接线辫子针的针数，另一半是第 2 排第 1 片上的针数。

二色拼花一线连接二圈的方法

1 将第 1 色花样逐片钩好并断线。

2 用第 2 色固定在第 1 片花样上方，作为起始点。

3 将第 1 片连接花样的内圈先完整地钩好。

4 外圈钩到花样的左边，在连接的对应位置钩 1 条辫子针作为连接线，长度包括第 1 片花样外圈、第 2 片花样外圈和内圈各 1/3 的针数。

5 开始沿着第 2 片花样边缘钩织内圈。

6 钩到内圈最后一个网格位置，钩一半辫子针与连接辫子针相应位置，用拉针连接。

7 开始钩第 2 片花样的外圈，同时连接第 1 片花样外圈。

8 钩到第 2 片花样的左边时，用与步骤 4~7 同样的方法继续向前钩，直到第 1 排花样的上半部分连接完。

9 开始钩第 1 排花样的下半部分。

10 钩到花样与上半部分的交接点，先钩一半辫子针，与上半部分两片花样间已钩好的辫子针中间连接。

11 并将下半部分两片花样间左右边缘也连接起来。

12 继续向右钩，并用步骤 10、11 的方法逐个连接花样的下半部分。

13 钩到第 1 片花样的下方与第 2 排第 1 片花样连接点位置要转向，向下纵向连接。

14 钩辫子针到第 2 排第 1 片花样相应位置连接，此时该连接线的辫子针数是第 1 排第 1 片花样外圈、第 2 排第 1 片花样外圈和内圈各 1/3。

15 开始沿着第 2 排第 1 片花样钩内圈，钩到最后一个网格的一半连接处。

16 沿着第 2 排第 1 片花样上边缘钩外圈，边钩边连接第 1 排第 1 片花样下边缘上的对应点。

17 钩到第 2 排第 1 片花样的左边，开始用与步骤 4~16 相同的方法逐个、逐排上下左右连接。除第 1 排上边缘外，都有上下两排花样间的连接。

18 连接完所有的花样后，沿着最后一排的下边缘和右边缘，钩到起始点断线。

穿入装饰珠子的方法

圆形花样穿入装饰珠子的方法

1 钩 6 针辫子针，首尾用拉针围成圆圈。

2 将钩针内的线圈略微拉长，取出钩针。

3 换一根能穿入装饰珠子中心孔的细钩针，将珠子穿入细钩针中。

4 用钩针将拉长的线圈钩入珠子孔中。

5 换回原来的钩针，收回多余的线。

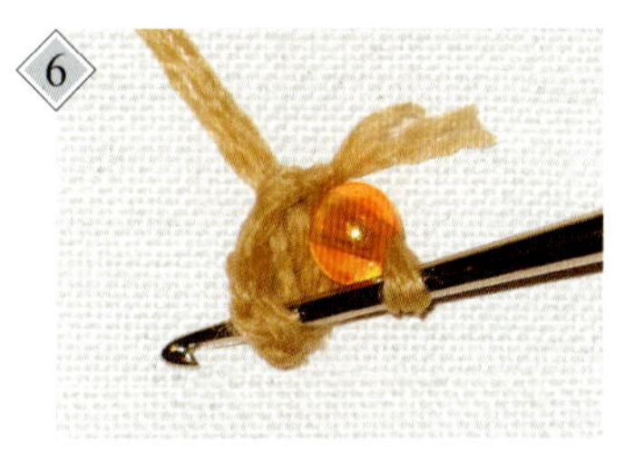

6 将钩针插入与圆圈相对 180° 的位置。

7 用拉针连接。珠子即已在中心定位。

8 然后根据花样，在珠子与底针圆圈的接点两边各钩一半的针数即可。

长针穿入装饰珠子的方法

珠子穿在长针的较低位置

1 钩到需要穿入珠子的长针时，先将线在钩针上绕 1 圈。

2 钩针插入前 1 行长针顶端，钩出线圈。

3 然后略微拉长该线圈，钩针退出该线圈。

4 换细钩针将珠子移到该线圈上。

5 退出细钩针，将原钩针穿入有珠子的线圈，收回多余的线。

6 继续钩完该长针。

7 此时珠子穿在该长针上偏低的位置。

珠子穿在长针的较高位置

1 钩到需要穿入珠子的长针时，先将线在钩针上绕 1 圈，钩针插入前 1 行长针顶端，钩出线圈。

2 在钩针上绕上线，2 针并 1 针，略微拉长该线圈，以防线圈脱散。

3 然后将原来的钩针退出该线圈。

4 用细钩针将珠子移到线圈上。
5 退出细钩针，将原钩针穿入有珠子的线圈，收回多余的线。

6 继续钩完该长针。
7 此时珠子穿在该长针上偏高的位置。

藏匿线头的方法

辫子针起针的线头藏匿法

1 起针钩1针辫子针后，将线头通过线圈和进线间甩在右边。

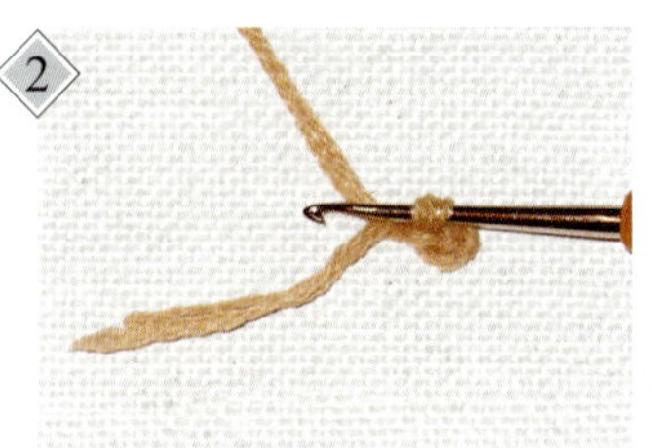

2 再钩1针辫子针，将线头通过线圈和进线间甩在左边。

3 重复步骤1~2，直到线头藏匿完为止，若线头太长则可剪短。

小贴士

线头本身不参与编织，只是镶嵌在辫子针中间。

辫子针围成圆形起针的线头藏匿法

1 起好辫子针围成圆圈后准备钩第 1 圈。

2 钩第 1 圈时，同时将起始的线头包在圆圈内。

3 直至线头全部藏匿为止，若太长则可剪短。

小贴士

线头与辫子圆圈底针一起被外圈包覆在内。

编织品（半成品或成品）结束时线头藏匿法

1 编织结束时，先把钩针上的线圈略微拉长，取出钩针。

2 将钩针从结束点的反面插向正面，并要注意线头也应该转向反面。

3 再将长线圈从正面钩向反面。

4 收回余线，使线圈到正常大小。

5 继续钩 2 针辫子针后断线。

6 将多余的线头在编织品的反面钩入，若太长则可剪短。

立体花样的钩织方法

小贴士

立体花样一般都是在地组织的基础上再钩织一层花样，地组织可以是辫子针形成的网状结构、长针形成的 V 字形结构或其他多种组织。

长条形立体花样

地组织为长针形成的 V 字形结构的交叉立体鱼鳞花样

1 辫子针起针，钩1行作为底针。

2 然后钩 1 针长针、1 针辫子针、1 针长针（2 针长针插入同一底针内），形成 V 字形结构。

3 重复钩由 2 针长针和中间 1 针辫子针组成的 V 字形，长针的相邻插入点距离为 3 针。

4 将起始点移到编织立体花样的起始位置，沿着 V 字形左边长针的反方向钩长针。

5 钩满 V 字形左边 1 针长针的长度（约 5~6 针），再沿着右边的长针钩同样针数的长针。

6 空开 1 个 V 字形，用同样的方法在间隔 V 字形上钩长针，形成 1 行立体小扇形花。

7 继续钩第 2 行 V 字形地组织，长针的插入点为第 1 行 V 字形的空档内。形成第 2 行地组织。

8 用与步骤 4~6 相同的方法钩第 2 行立体花样，但插入的 V 字形与第 1 行位置错开。

9 以后各行都同样重复编织，形成长条形立体鱼鳞花样。

小贴士

本例中立体花样的地组织和立体花组织是正面钩的，也可以反面钩，这样小扇形立体花瓣的弯曲效果正好相反。

圆形立体花样

辫子针与短针形成网格为地组织钩 8 个花瓣形成立体花样

1 钩 6 针辫子针，首尾用拉针围成圆圈。

2 钩 3 针辫子针作为起立针、2 针辫子针、1 针长针，重复到行尾，形成 8 个网格。

3 开始钩第 1 层网格地组织。钩 1 针辫子针作为起立针，3 针辫子针、1 针内钩短针（插入前 1 行长针上），重复 8 次。

4 钩第 1 层立体花样。插入第 1 个网格钩 1 针短针、1 针中长针、3 针长针、1 针中长针、1 针短针，形成第 1 个花瓣。

5 重复 8 次，整圈共形成 8 个花瓣。首尾用拉针连接。第 1 层立体花样完成。

6 把编织点用拉针移到第 1 个花瓣的第 1 针背后的底针位置，这样能使交接处没有痕迹。

7 开始钩第 2 层立体花样的地组织。钩 1 针辫子针作为起立针，5 针辫子针、1 针内钩短针（插入前 1 行短针上），重复 8 次。

8 钩第 2 层立体花样。插入第 1 个网格钩 1 针短针、1 针中长针、2 针长针、3 针长长针、2 针长针、1 针中长针、1 针短针，形成第 2 层第 1 个花瓣。

9 重复 8 次，整圈共形成 8 个花瓣。首尾用拉针连接。第 2 层立体花完成。

小贴士

如果需要，接着钩第 3、第 4……层，可逐行增加网格辫子针数、花瓣的长针数和长长针数。如果需要花瓣个数增减，均可增减网格和花瓣的个数。

辫子针与长针形成网格为地组织钩 8 个花瓣形成立体花样

1 钩 6 针辫子针，首尾用拉针围成圆圈。

2 钩 3 针辫子针作起立针、3 针辫子针、1 针长针，重复到行尾，形成 8 个网格为第 1 层地组织。

3 插入第 1 个网格钩 1 针短针、1 针中长针、2 针长针、1 针中长针、1 针短针，形成第 1 个花瓣。

4 重复 8 次，整圈共形成 8 个花瓣。首尾用拉针连接。第 1 层立体花样完成。

5 把编织点用拉针移到第 1 个花瓣第 1 针背后的底针位置，这样能使交接处没有痕迹。

6 钩第 2 层立体花样的地组织。钩 3 针辫子针作起立针，5 针辫子针、1 针内钩长针（插入前 1 行长针上），重复 8 次。

7 钩第 2 层立体花样。插入第 1 个网格钩 1 针短针、1 针中长针、5 针长针、1 针中长针、1 针短针，形成第 2 层第 1 个花瓣。

8 重复 8 次，整圈共形成 8 个花瓣。首尾用拉针连接。第 2 层立体花样完成。

每层花瓣数不等的立体花样

1 钩 6 针辫子针，首尾用拉针围成圆圈，作为第 1 层底针。

2 钩第 1 层花样。在圆圈内钩 1 针中长针、3 针长针、1 针中长针、1 针拉针，形成第 1 个花瓣。重复 3 次。第 1 层立体花样完成。

3 开始钩第 2 层网格地组织。钩 3 针辫子针作为起立针，4 针辫子针。

4 沿着前 1 层第 1 个花瓣反面约第 3 针的位置插入前 1 层底针圆圈钩 1 针长针。

5 钩 4 针辫子针，再沿着前 1 层第 2 个花瓣反面约第 1 针的位置插入前 1 层底针圆圈钩 1 针长针。

6 钩 4 针辫子针，再沿着前 1 层第 2 个花瓣反面约第 4 针的位置插入前 1 层底针圆圈钩 1 针长针。

7 钩 4 针辫子针，再沿着前 1 层第 3 个花瓣反面约第 2 针的位置插入前 1 层底针圆圈钩 1 针长针。

8 钩 4 针辫子针，在行首起立针的位置用拉针连接。第 2 层地组织由 5 个网格组成。

9 钩第 2 层立体花样。插入第 1 个网格，钩 1 针短针、1 针中长针、5 针长针、1 针中长针、1 针短针，形成第 1 个花瓣。

10 重复 5 次，整圈共形成 5 个花瓣。首尾用拉针连接。第 2 层立体花样完成。

11 把编织点用拉针移到第 1 个花瓣的第 1 针背后底针位置，这样能使交接处没有痕迹。

12 开始钩第 3 层网格地组织。钩 3 针辫子针作为起立针，6 针辫子针。

13 沿着前 1 层第 1 个花瓣反面约第 7 针的位置插入前 1 层底针圆圈钩 1 针长针。

14 钩 6 针辫子针，再沿着前 1 层第 2 个花瓣反面约第 5 针的位置插入前 1 层底针圆圈钩 1 针长针。

15 钩 6 针辫子针，再沿着前 1 层第 3 个花瓣反面约第 4 针的位置插入前 1 层底针圆圈钩 1 针长针。

16 钩 6 针辫子针，再沿着前 1 层第 4 个花瓣反面约第 3 针的位置插入前 1 层底针圆圈钩 1 针长针。

17 钩 6 针辫子针，再沿着前 1 层第 5 个花瓣反面约第 2 针的位置插入前 1 层底针圆圈钩 1 针长针。

18 钩 6 针辫子针，在行首起立针的位置用拉针连接。第 3 层地组织由 6 个网格组成。

19 钩第 3 层立体花样。插入第 1 个网格，钩 1 针短针、1 针中长针、2 针长针、3 针长长针、2 针长针、1 针中长针、1 针短针，形成第 1 个花瓣。

20 重复 6 次，整圈共形成 6 个花瓣。首尾用拉针连接。第 3 层立体花样完成。

小贴士

前面列举的三种编织圆形立体花的方法说明，可以根据立体花样的不同需要，选择不同的方法。

1. 要使花瓣大，可增加长针或长长针的数量。
2. 要使花瓣多，可增加地组织网格数。
3. 要使花瓣沿圆形径向排列紧密，地组织网格连接点可以钩短针或拉针。
4. 要使花瓣沿圆形径向排列稀松，地组织网格连接点可以钩中长针或长针。
5. 要使立体花样卷曲效果强烈，地组织网格辫子针数可少些。
6. 要使立体花样卷曲效果平坦，地组织网格辫子针数可多些。

钩针款式实例

1 下摆拼花组合型套衫

钩织方法见第58页

2 花边组合型套衫

钩织方法见第61页

3 双层柳条拼花开衫

钩织方法见第65页

4 圆形台布衣

钩织方法见第63页

5 纵向连接扇形花背心

钩织方法见第68页

6 方形拼花丝线开衫

钩织方法见第70页

7 拼花纵向组合袖子短披肩

钩织方法见第73页

8 菱形花短袖套衫

钩织方法见第77页

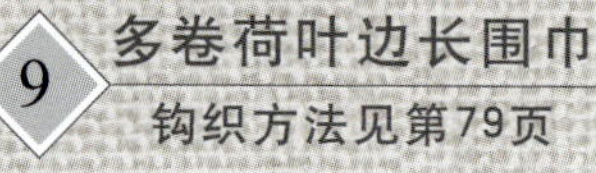

9 多卷荷叶边长围巾

钩织方法见第79页

10 蝴蝶花边多角披巾

钩织方法见第80页

11 双色立体多节花小披肩

钩织方法见第82页

12 双色小三角网格长围巾

钩织方法见第84页

13 小三角交叉网格长围巾

钩织方法见第85页

14 四圈针翻边帽
钩织方法见第86页

15 鱼鳞花小拎包
钩织方法见第87页

16 花边婴儿鞋
钩织方法见第92页

17 小扇形花边婴儿帽
钩织方法见第89页

18 珍珠花婴儿帽
钩织方法见第88页

19 四圈针遮阳帽
钩织方法见第91页

20 圆形大拼花渐变色套衫

钩织方法见第94页

21 方形拼花斜向拼接套衫

钩织方法见第97页

22 小方格花芯组合背心

钩织方法见第108页

23 双色圆形组合拼花一线连接套衫

钩织方法见第98页

24 A字裙
钩织方法见第102页

25 六边形一线连接套衫
钩织方法见第104页

26 彩色小三角拼花披肩
钩织方法见第71页

27 波浪边时尚台布衣
钩织方法见第106页

28

中袖一线连V领长套衫

钩织方法见第110页

29

小菠萝花型一线连背心

钩织方法见第114页

30

方形拼花连接披肩

钩织方法见第118页

31

圆形拼花套衫

钩织方法见第120页

钩针款式实例钩织方法

1 彩色page50 钩织方法

下摆拼花组合型套衫

原　　料　深黄色丝光棉线 150 克，浅黄色丝光棉线 50 克，长条形珠子少许。

钩针直径　1.5mm。

规　　格　胸围 78cm，衣长 54cm，挂肩 20cm，肩宽 30cm，后领宽 19cm，前领深 8cm，袖长 28cm，袖山高 8.5cm，腰带长 104cm。

钩织要点

前后衣片

❶ 按花样 1 用长条形珠子串成六角形花芯，沿花芯用深黄色丝光棉线钩花朵，共 12 朵。

❷ 用深黄色丝光棉线钩第 1、第 2 圈，第 3 圈换用浅黄色丝光棉线，一朵花便完成了。

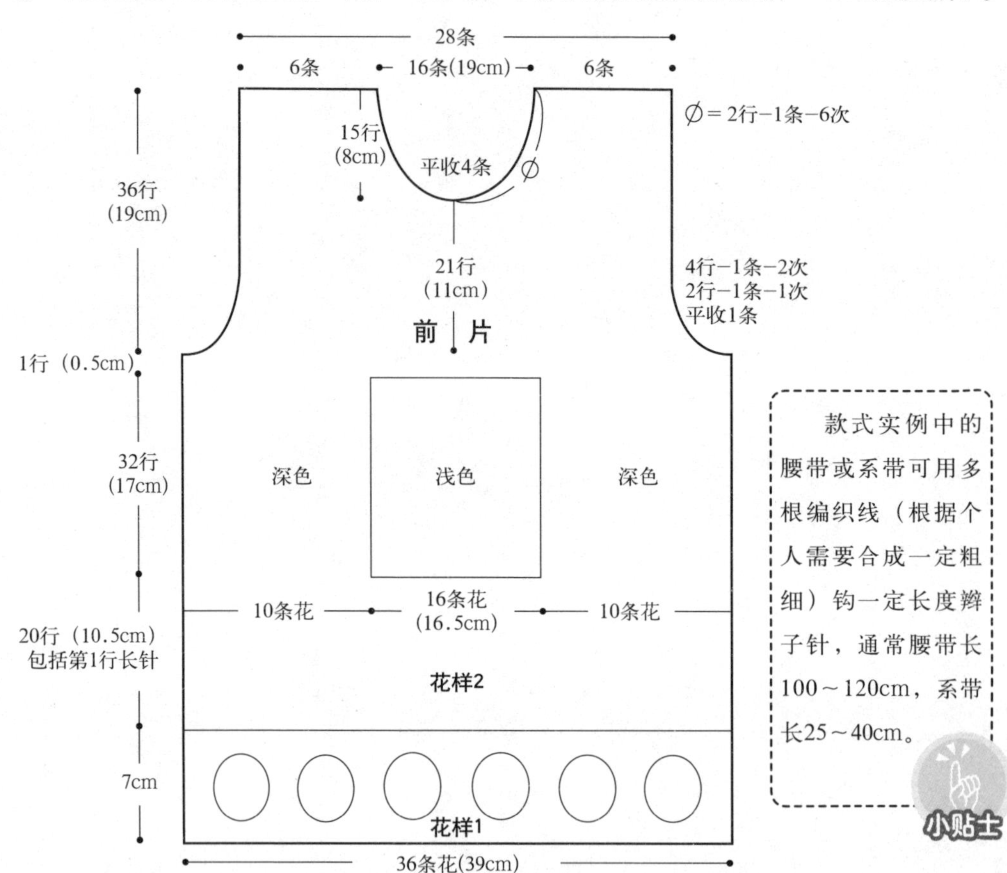

款式实例中的腰带或系带可用多根编织线（根据个人需要合成一定粗细）钩一定长度辫子针，通常腰带长100～120cm，系带长25～40cm。

小贴士

❸ 接着依次钩 12 朵花，每朵花直径为 5.5cm，在编织每朵花的最后一圈时，将每朵花之间横向连接起来。

❹ 用浅黄色丝光棉线在 12 朵花的上方钩 2 圈后断线。

❺ 然后，在花朵的下方用深黄色丝光棉线钩 4 行短针。

❻ 在花朵的上方换用深黄色丝光棉线开始钩整列式花样，第 1 行钩 432 针长针，第 2 行钩编扇形花样 2，钩到 20 行断线。按前片所示在前胸嵌花，即先从侧缝线开始到第 11 条的位置用浅色线往返钩 16 条扇形花样 32 行，然后用深色线在嵌花旁开始往返钩 32 行（每行交接处都用拉针连接），钩到与嵌花同高度后用深色线钩 1 行到挂肩底，前后衣片分开后收针，分别钩到肩部。

❼ 将前后衣片的肩缝拼接后沿着袖窿钩 1 圈短针，使边缘光滑。

袖子

❶ 用深色丝光棉线按花样 2 钩织三片扇形花样。

❷ 然后将三片花样连接起来，圆筒形钩织，同时放针，见花样 3，钩 7.5cm 到袖子最宽的位置。

❸ 开始收袖山，往返钩织。

❹ 用浅色丝光棉线钩织鱼尾袖，先在两片长方形连接顶端接上线，小方格逐渐增加，形成三角形。依次钩织另两片鱼尾部分。

❺ 沿着拼接好的袖口边用浅色线钩 1 行网格和 1 行短针。

❻ 沿着袖山圆弧钩 1 圈短针，使边缘光滑。

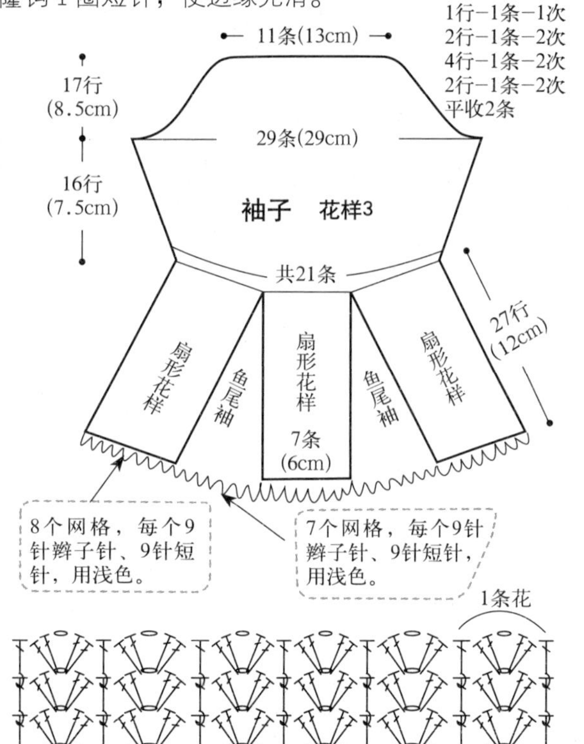

花样2 扇形花样

小贴士

将衣身和袖身用辫子针连接起来，由4针辫子针往返钩成V字形连接。

大身底边每朵花上配置6条扇形花样，第一行为长针，每条扇形花样对应6针长针，所以每朵花对应36针长针，底边一圈为12朵花，对应432针长针。

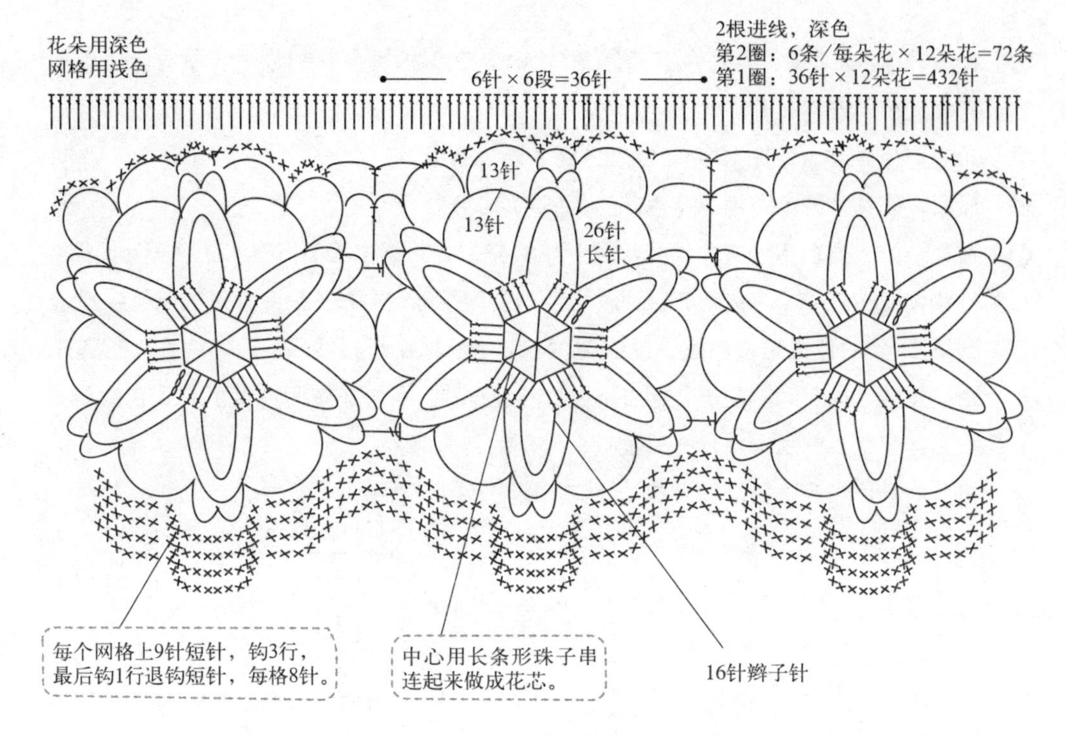

花样1　下摆花朵

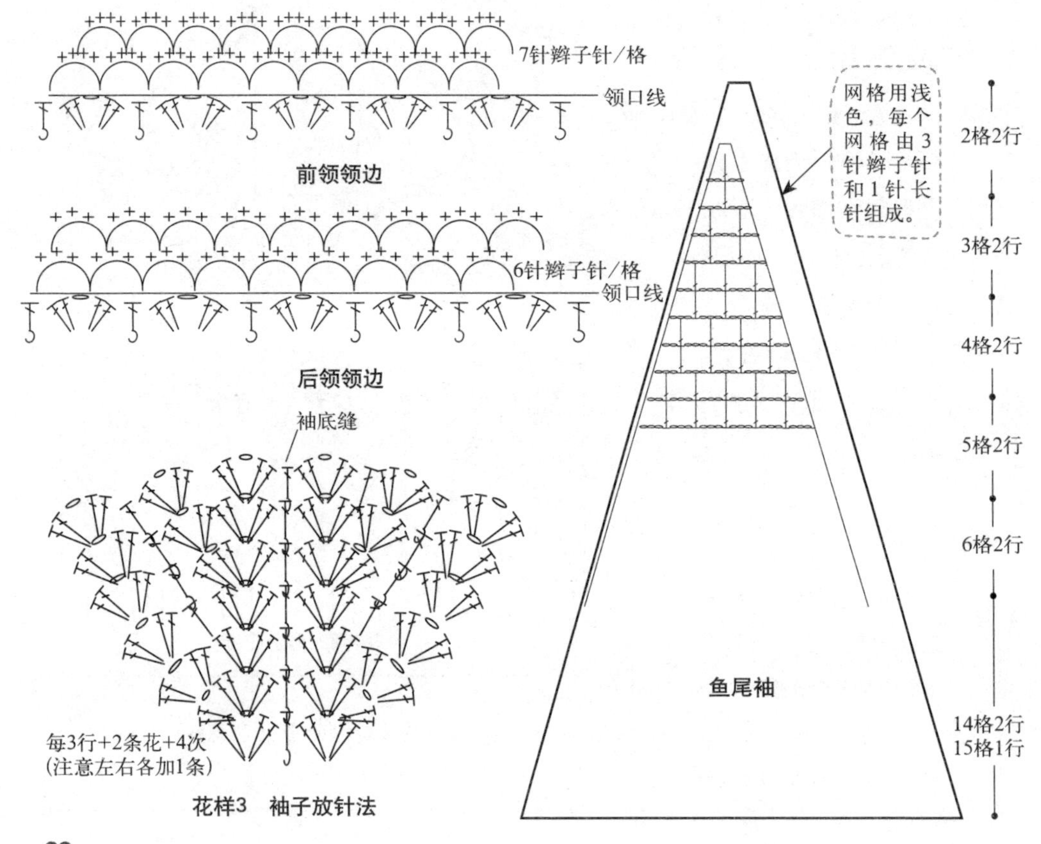

前领领边

后领领边

花样3　袖子放针法

2 **彩色page50** **钩织方法**

花边组合型套衫

原　　料 浅紫色丝光棉线 125 克，深紫色丝光棉线 75 克。

钩针直径 1.5mm。

规　　格 胸围 78cm，衣长 50cm，挂肩 17cm，肩宽 29cm，后领宽 15cm，前领深 9.5cm，袖长 13cm，袖山高 13cm，袖口宽 14cm，系带长 120cm。

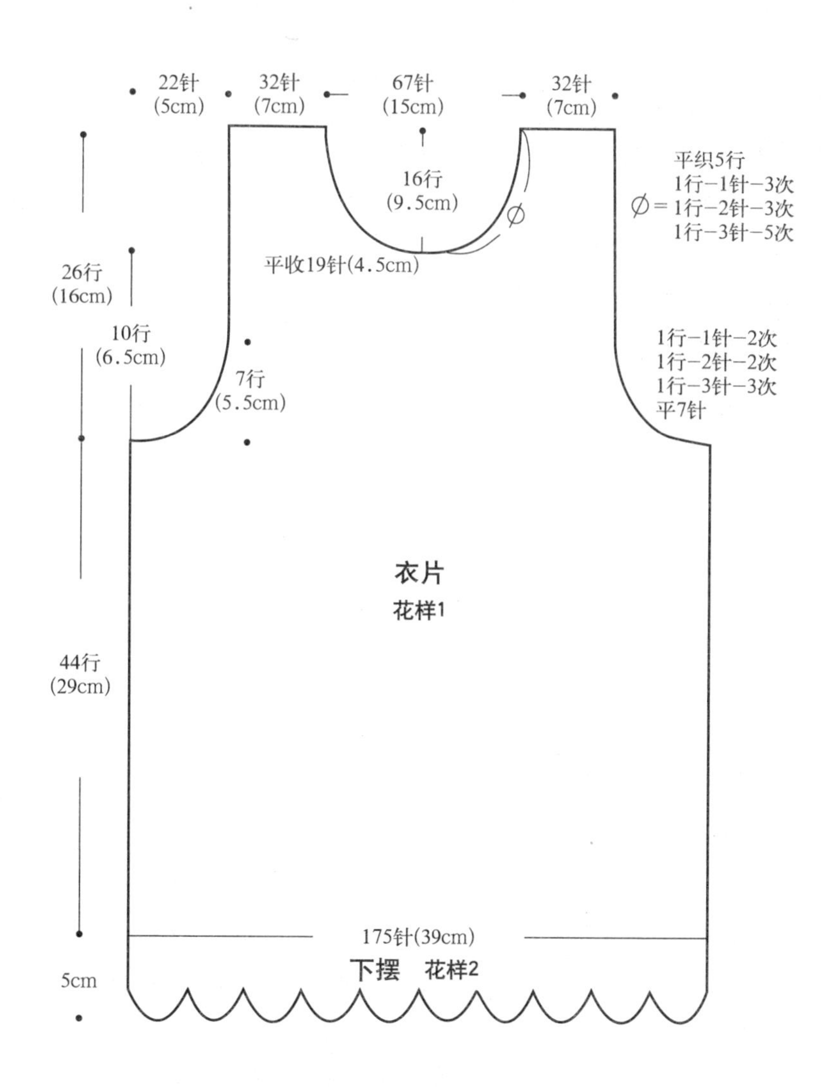

钩织要点

前后衣片

❶ 用 2 根浅紫色丝光棉线和一根深紫色丝光棉线合并钩织，先用辫子针起 350 针围成圈，作为底针，以后按花样 1 和衣片要求钩织。

❷ 后片钩织方法除了不开领，其余同前片。

❸ 沿着袖窿边缘用 3 根深色线钩 1 圈短针，平均在衣片每个长针处钩 3 针（行交接处 1 针，长针中 2 针），使边缘光滑。

❹ 在下摆的边缘用 3 根深色线钩 1 圈短针，使边缘光滑。

下摆

❶ 按花样 2 钩花朵。

❷ 在衣片的每个花宽分配 2 朵，见下页图示，整圈共 20 朵，每朵横向尺寸为 3.9cm。每朵的最后 1 圈按花样 2 在短针的中点用拉针与前 1 朵左右连接，同时花朵的上端与衣片下端连接。

❸ 将 2 根浅色线、1 根深色线合并，在连接好的花朵的下边缘钩辫子针，将花朵的各点连接起来，即 12 针辫子针、1 针拉针连接花朵的叶片中点；最后 1 圈沿着辫子针钩 1 圈长针，中间 14 针，两边各 10 针长针，两花连接处为 8 针长针的并针。

袖子

❶ 用 3 根深紫色丝光棉线按花样 2 钩花朵，方法同下摆花朵的钩织。

❷ 按袖子中的花样分布排列花朵并相互连接，最后用 2 根浅色线和 1 根深色线沿着袖口边缘钩边，针数和方法同下摆边缘。

领

沿领圈边缘钩 1 圈由 5 针辫子针组成的网格，再沿着每个网格钩 4 针短针。前领圈共 38 网格，后领圈共 18 网格。

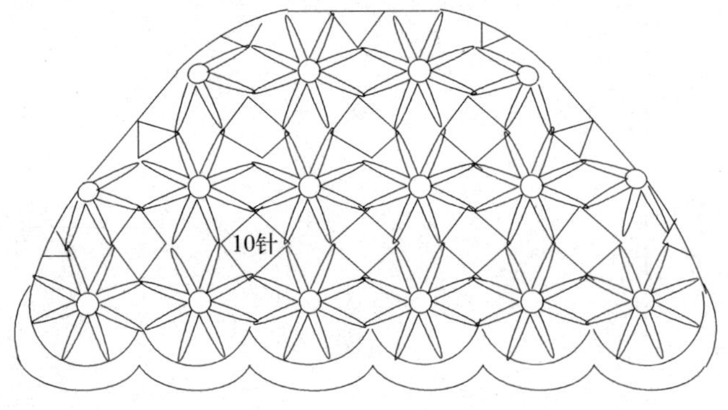

袖子中的花朵排列

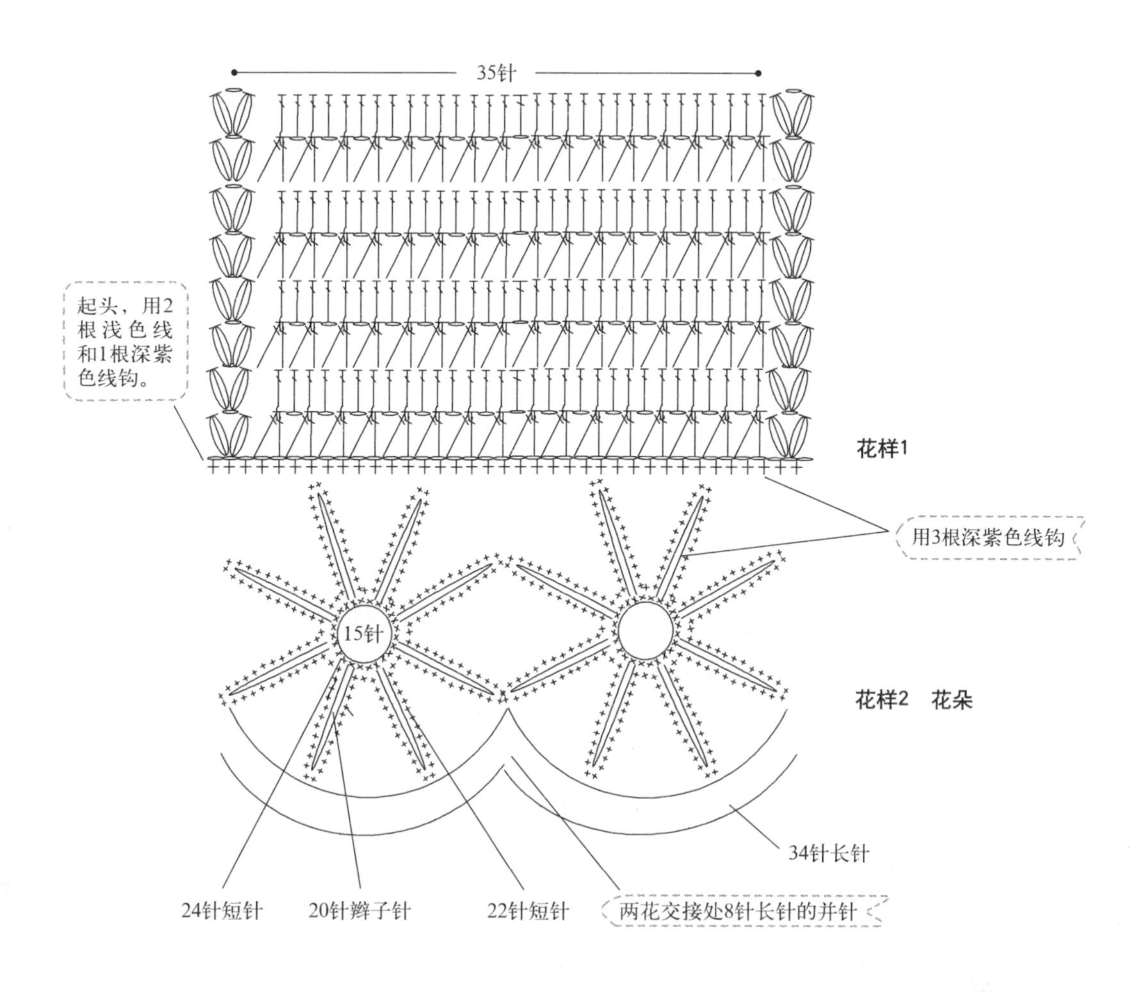

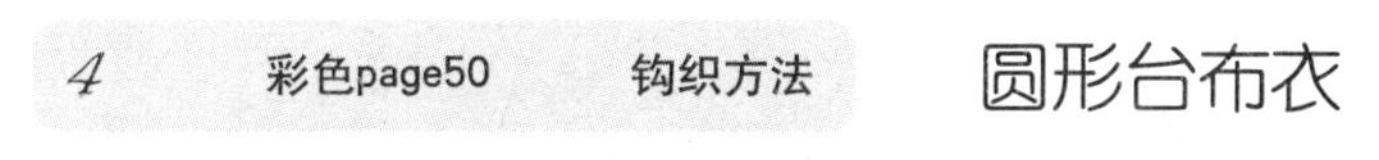

4　彩色page50　钩织方法　圆形台布衣

原　　料　海蓝色花式线250克。

钩针直径　2.5mm。

规　　格　胸围88cm，衣长55cm，挂肩19cm，肩宽36cm，系带长25cm。

钩织要点

按花样钩到第24圈，注意图中粗线部分为开袖窿位置，此处另外加1根同样线，钩45针（18cm长）辫子针作为底针，该圈钩到此位置时将花样钩在底针上。另一个袖窿位置可根据个人需要来定，两边不一定要完全对称。

最后钩 2 根系带装在合适位置。

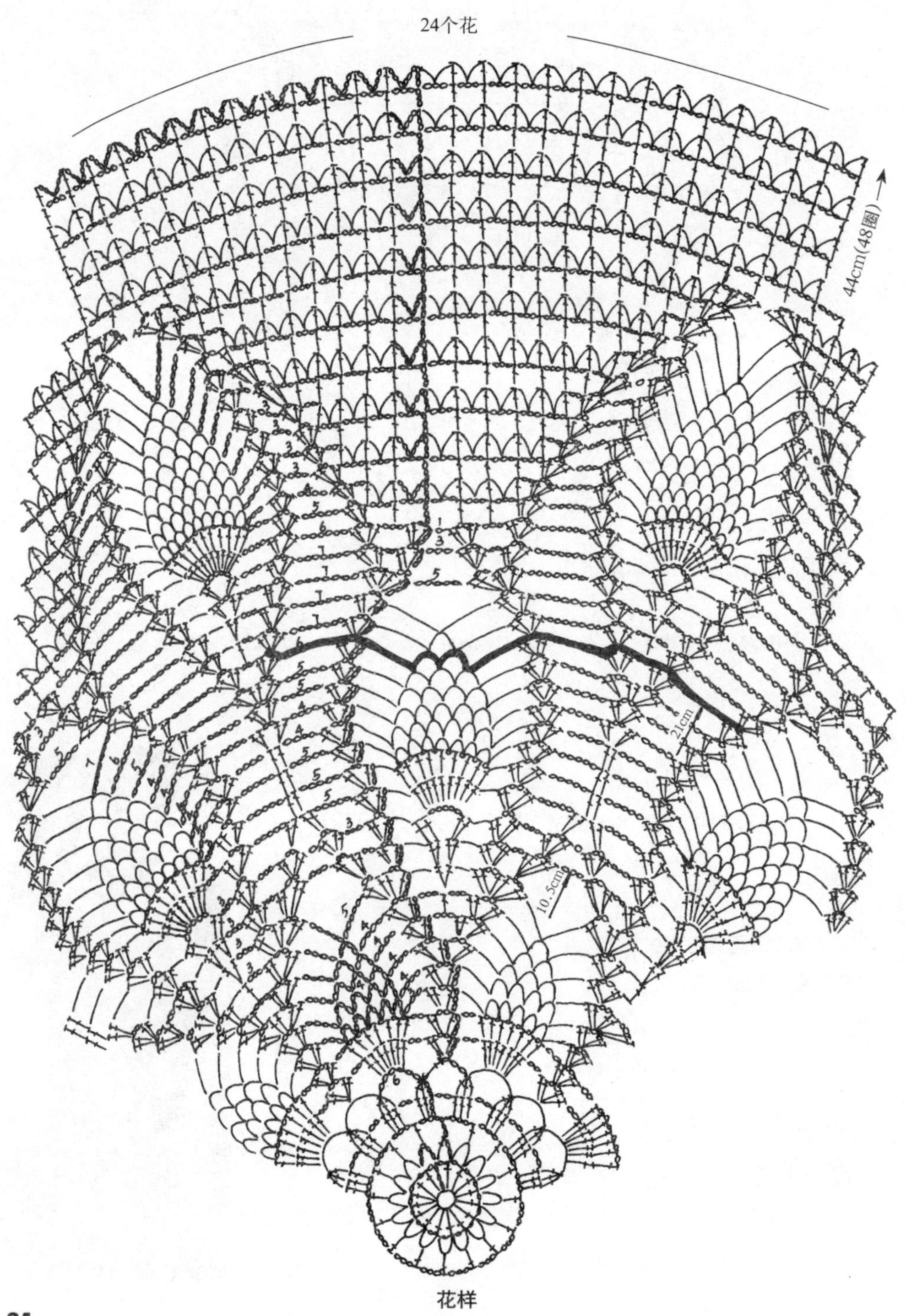

花样

双层柳条拼花开衫

3 彩色page50 钩织方法

原　　料 纯棉线175克（衣服用3根棉线，边用4根棉线钩织），直径6mm的珠子50颗。

钩针直径 1.5mm。

规　　格 胸围80cm，衣长50cm，侧缝长23.5cm，前领深19cm，门襟边、下摆边宽2.5cm，袖边2cm，长25cm的系带2根。

钩织要点

花样

❶ 按花样1钩花，中心串入珠子。

❷ 注意第3圈钩1条12针辫子针作为底针，1针辫子针作为起立针，沿着底针钩1针短针、2针中长针、9针长针，用拉针与前1圈下1个长针顶端连接，重复到行尾，共12条。将钩织点移到第1根柳条背后对应的前1圈3针辫子针中

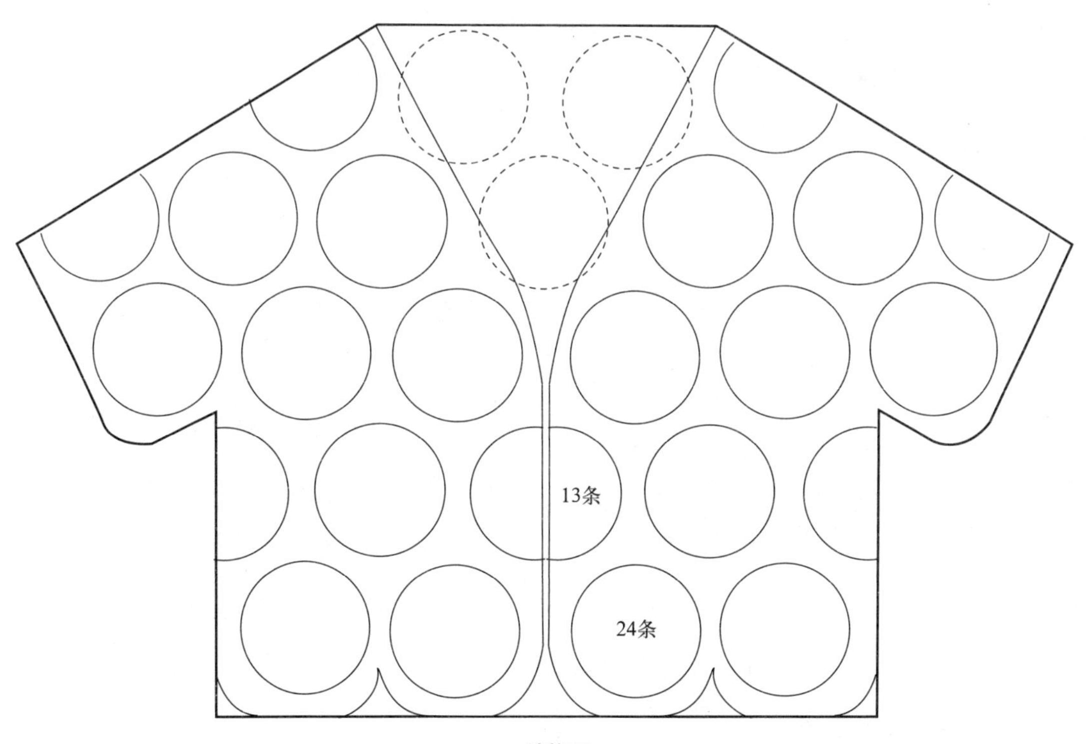

结构图

心，用同样的方法钩下层的第 1 根柳条，与上层第 2 根柳条背后对应的前 1 圈 3 针辫子针中点用拉针连接，重复到行尾，形成了下层的 12 根柳条。

3. 中心花样最大直径为 10cm，完成后断线。

中心花样的连接

1. 按结构图中中心花样的排列，用花样 2 中的方法将中心花样连接起来，第 1 枚独立完成，第 2 枚钩到最后 1 圈，与第 1 枚有 3 个连接点。
2. 整件衣服中心花样的排列见结构图。
3. 中心花样连接完成后，在下摆和袖口边缘形成波浪形花边，前后领缺省的地方需要补缺，见花样 2，先钩 26 针辫子针作为底针，连接在图示位置，如图钩 3 个小扇形花样，在中间位置连上小三角形。

门襟 下摆 领口 袖口

第 1 行在边缘钩 6 针辫子针组成的网格（为 3 的倍数），以后按花样 3 钩织。

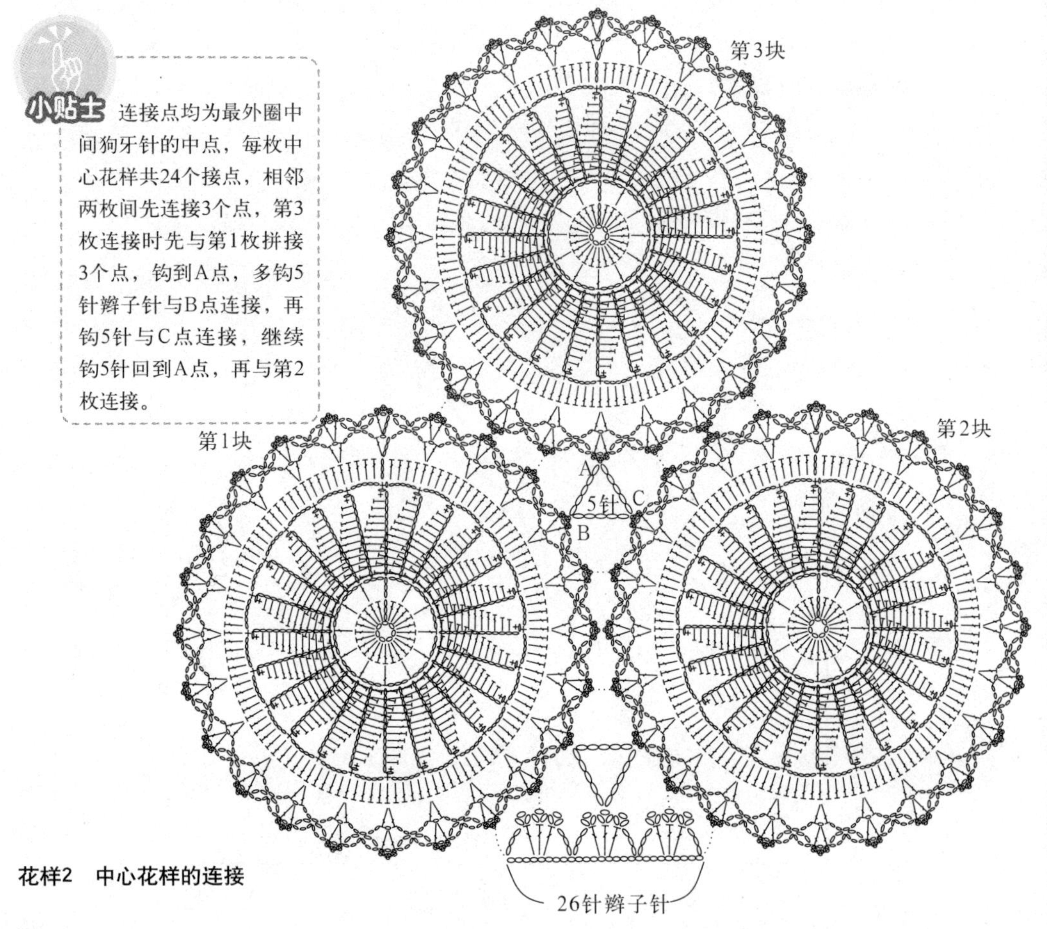

小贴士 连接点均为最外圈中间狗牙针的中点，每枚中心花样共24个接点，相邻两枚间先连接3个点，第3枚连接时先与第1枚拼接3个点，钩到A点，多钩5针辫子针与B点连接，再钩5针与C点连接，继续钩5针回到A点，再与第2枚连接。
第3块
第1块
第2块
A
B
C
5针
26针辫子针

花样2　中心花样的连接

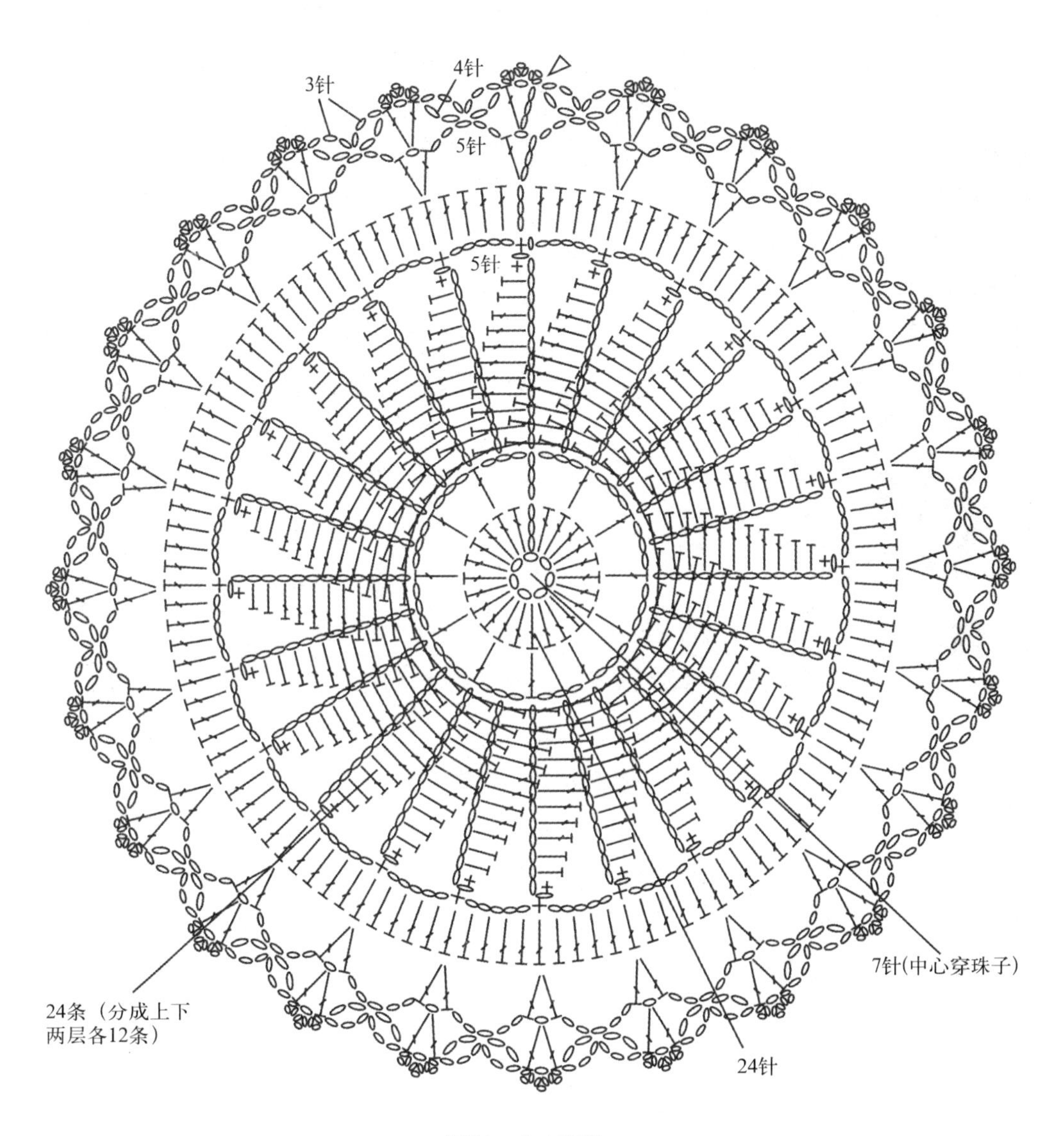

花样1　中心花样

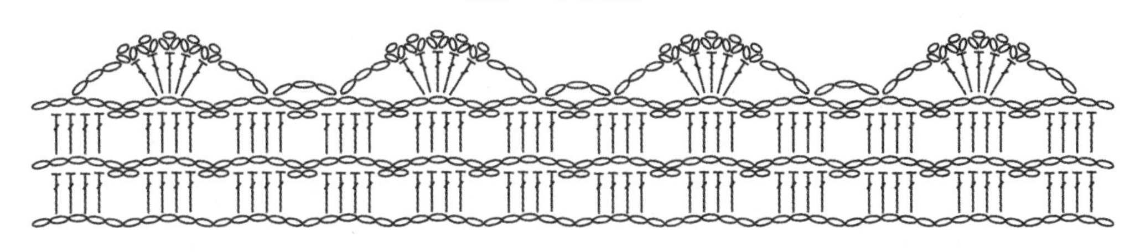

花样3　门襟边　下摆边　领边　袖边

最后钩2根25cm长的系带钉在V领最低点。

5　彩色page51　钩织方法

纵向连接扇形花背心

原　　料　绿色棉线、丝线、金属丝各 1 根并织，共 350 克。
钩针直径　2mm。
规　　格　胸围 88cm，衣长 54cm，挂肩 19cm，前领深 15cm，后领宽 20cm。

钩织要点

❶ 前片按结构图上的编号顺序逐条钩织，先钩中间的一条花样，包括下摆的圆形共 13 个花样。

❷ 再依次钩左右纵条到侧缝线位置，同时注意纵条间的连接，逐渐向侧缝线方向倾斜。

❸ 后片基本同前片，后中心 18 个花样，钩到左右侧缝位置与前片连接，且前后侧缝两条高低一致。

❹ 下摆边为 1 行长针、1 行退钩短针；袖口和领口边为 1 行辫子针（领口左右边缘两相邻花样端点间为 7 针、袖口为 8 针）、1 行短针、1 行退钩短针。注意转弯处要先补平后再钩边。

序号	1	2	3	4	5	6	7	8	9	10	11
前片（个）	13	13	14	17	16	9	13	14	17	16	9
后片（个）	18	18	17	17	16	9	18	17	17	16	9

前后片纵条花样数

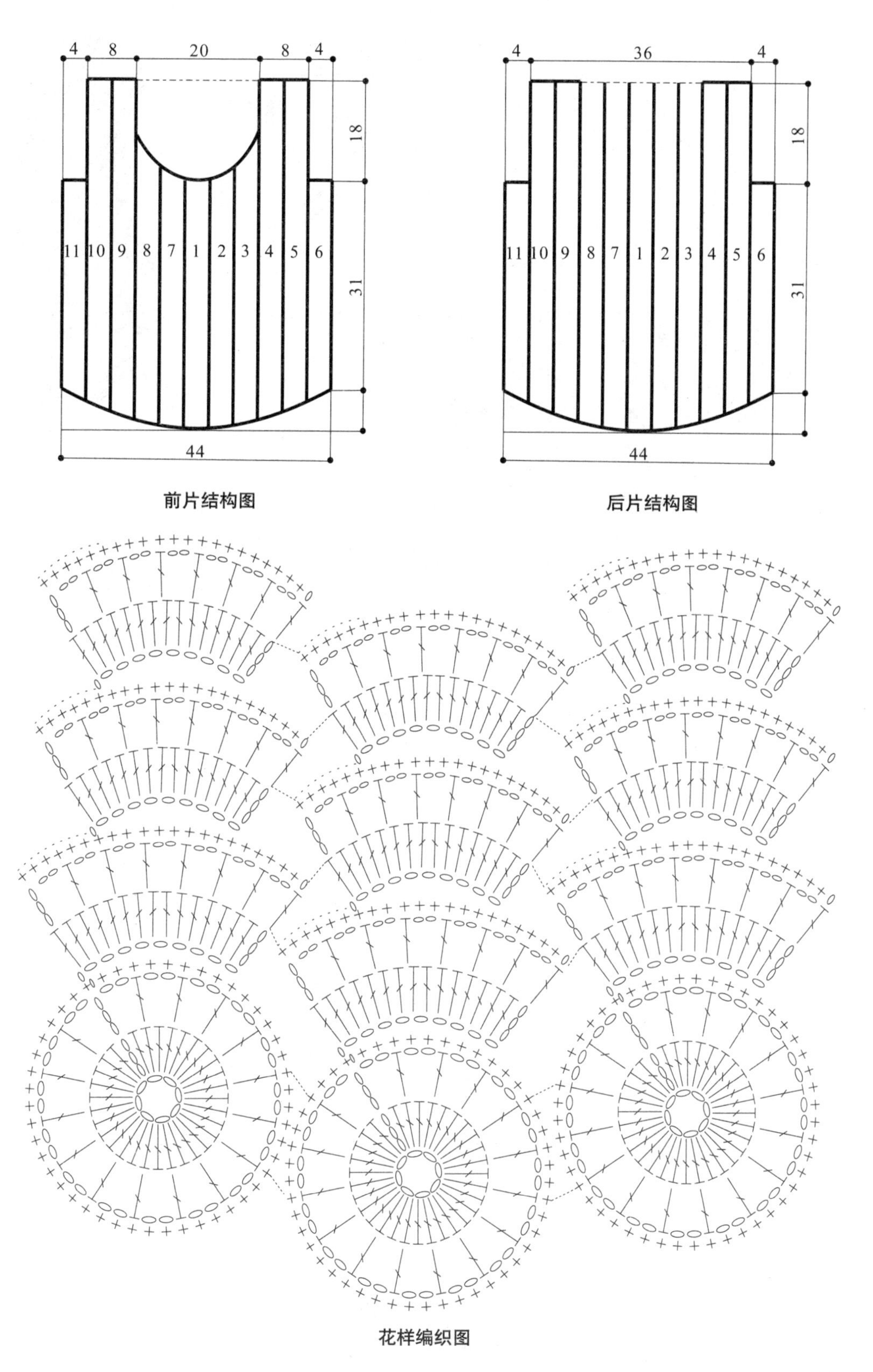
4
8
20
8
4
18
31
11
10
9
8
7
1
2
3
4
5
6
44
前片结构图
4
36
4
18
31
11
10
9
8
7
1
2
3
4
5
6
44
后片结构图

花样编织图

6 彩色page51 钩织方法

方形拼花丝线开衫

原　　料　黑色人造丝线 200 克。

钩针直径　1.2mm。

规　　格　胸围 84cm，衣长 36.5cm，袖口宽 15cm，下摆边、门襟边、领边、袖口边宽 1.5cm。

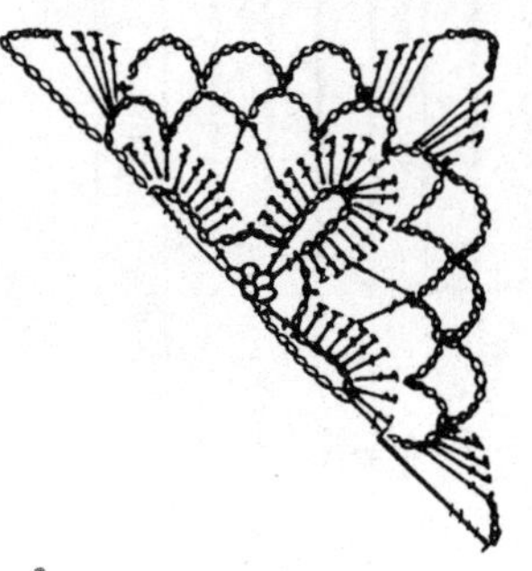

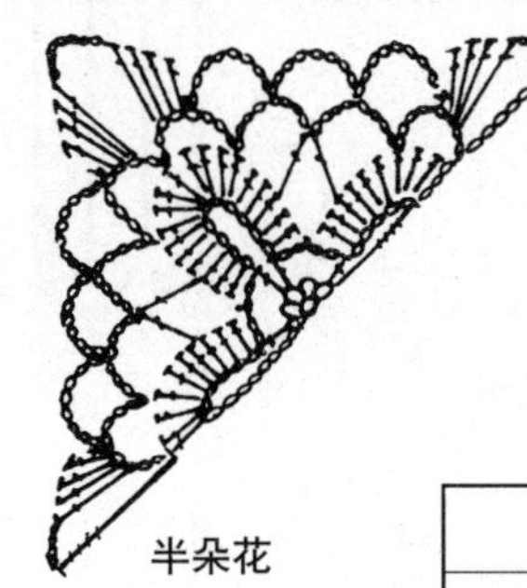

半朵花

结构图

钩织要点

注意在左右前片开领位置有 2 枚对称的半朵花。袖子花样略小些，针数自行调整，使袖口小一些。

| 下摆边 | 门襟边 | 领边 | 袖边 |

1. 先沿着下摆边缘钩 1 行短针，每个花样钩 26 针短针，5 个网格各钩 4 针、2 段长针上各排 3 针。以后按下摆边花样图钩织。
2. 袖边钩织方法基本同上，但考虑到袖口的收针，第 1 行短针每枚花样排 21 针，即 5 个网格和 2 段长针上都排 3 针，以后 3 行钩织方法同上。

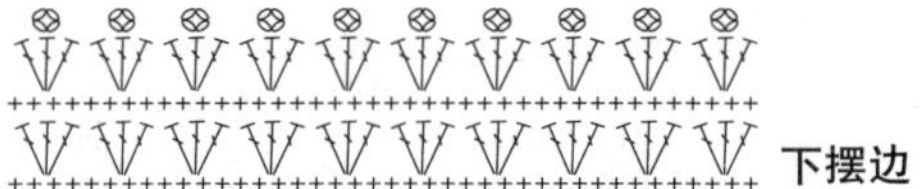

下摆边

小贴士

按结构图将拼花逐块连接起来，钩2根40cm左右长的系带，装在衣服前领最低位置。

拼花

26 彩色page55 钩织方法

彩色小三角拼花披肩

原　　料　天蓝色毛线100克，绿色毛线50克，橘黄色、紫红色毛线各25克。

钩针直径　2.5mm。

规　　格　胸围72cm，衣长40cm，袖口宽14cm，前领深20cm，后领宽24cm，门襟边、袖边1cm。

配色表（1号花样和2号花样各编织24枚）

配色 花样	①、③	②	④、⑤
1号花样	绿色	橘黄色	蓝色
2号花样	绿色	紫红色	蓝色

钩织要点

小三角花样

❶ 按配色表和花样1，先钩1号中心花样，共钩24枚。

❷ 2号花样的钩织方法同1号花样，只是第2圈毛线换成紫红色，同样钩24枚。

中心花样的连接

❶ 用绿色毛线按花样2中箭头方向从右向左将小三角形连接起来，连接方法是将第1枚2号花样的左边和第2枚1号花样的右边正面连接，先将钩针插入两个三角形顶角的3针辫子针网格内，钩1针短针、1针辫子针、1针短针（插入两个三角形两边第1针长针的顶端）、1针辫子针、1针短针（插入点也是1针隔1针）……1针辫子针、1针短针（插入另一端3针辫子针内），将这两枚花样一边连接起来。

❷ 再将第3枚2号花样小三角形的右边和第2枚1号花样的左边连接起来，用与步骤❶同样的方法连接。

❸ 重复前面步骤❶~❷的方法，从右向左横向将1号、2号花样小三角形相互连接起来。

❹ 同样将后几排花样横向拼接起来。

小贴士

最后沿着披肩边缘和袖边边缘逐针钩1圈短针和1圈退钩短针。

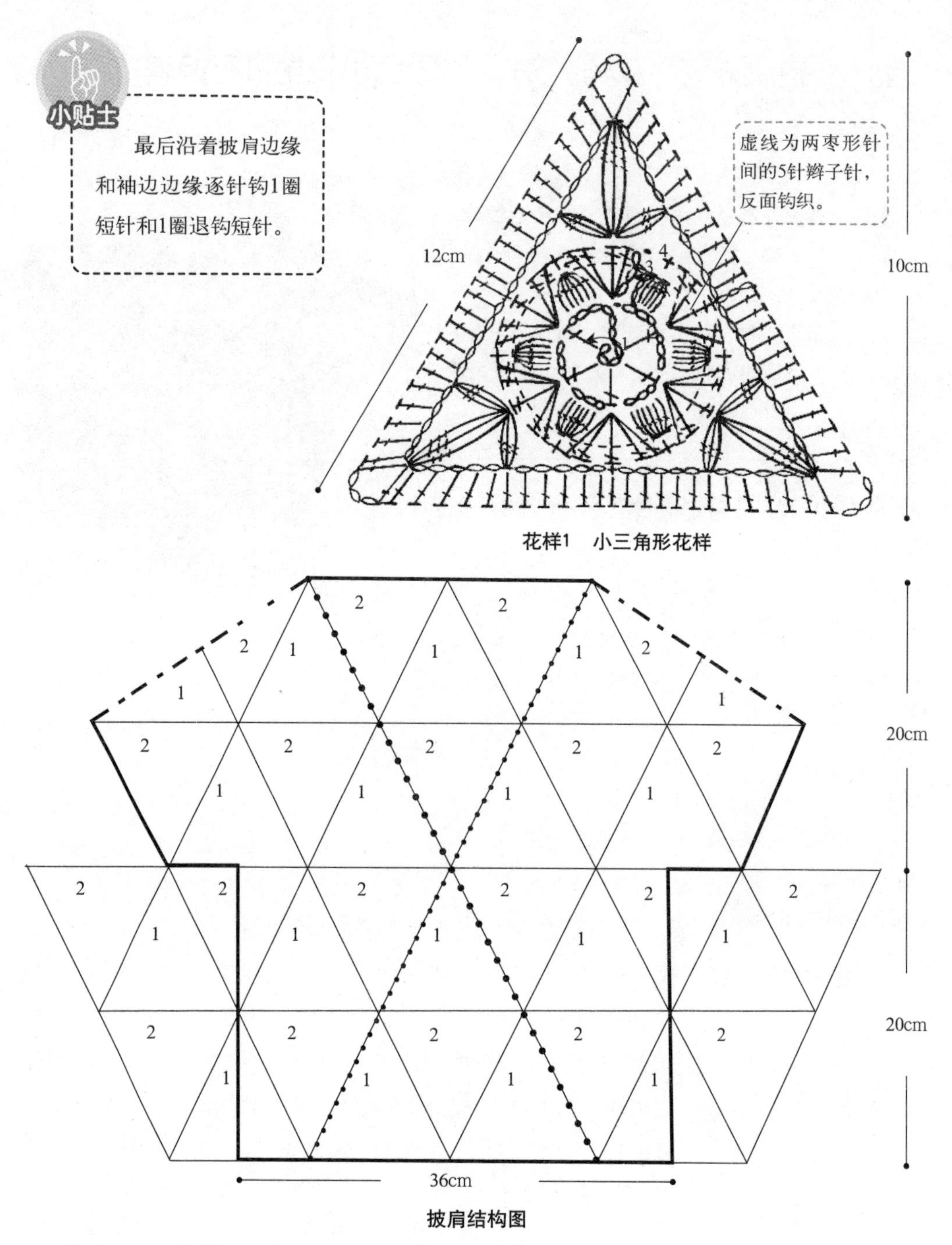

花样1　小三角形花样

披肩结构图

披肩的连接

❶ 按结构图将横向连接好的小三角形横条上下连接起来，每横条上下连接也是在正面用绿色毛线由 1 针短针、1 针辫子针轮流直线连接，在 6 块三角形顶角的交接处，也是用 1 针短针、1 针辫子针轮流钩织，到最中心位置是将原来横向 2 个拼接辫子针串套在一起钩 1 针短针，形成星形的连接点。

❷ 连接到挂肩底水平线时，按图拼出两边短袖。根据三角形边斜方向开出前领。

❸ 连接到肩缝处，前后片共用三角形，左右肩共合用 4 块。

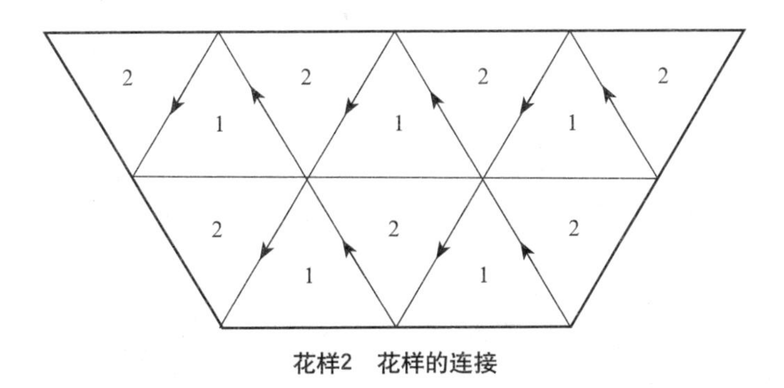

花样2　花样的连接

7　彩色page51　钩织方法

拼花纵向组合袖子短披肩

原　　料　羊毛开司米 150 克（拼花 6 根合股，其余 4 根合股），直径 6mm 的珠子 16 颗。

钩针直径　1.5mm, 拼花用 2mm。

规　　格　衣长 42cm，挂肩 31cm。

钩织要点

袖子中心花样

❶ 用 6 根开司米钩 6 针辫子针围成圆圈，将钩针上的线圈拉长，钩针取出，将 1 颗珠子穿入细钩针内，将长线圈钩入珠子孔内，再将该线圈与圆圈对面半圆位置用拉针连接。以后按花样 1 钩织。

❷ 钩 6 块中心花样连成 2 个圆筒形，排列见前片结构图。每枚中心花样的尺寸为 10cm×10cm。

后中心拼花

按花样 1 钩织 4 枚中心花样，但不连成圆筒，在钩第 1 枚的同时要把左右上角的花芯填出，填芯花样是原花的一半，左右外档为 10 针辫子针，上外档为 7 针；第 2、第 3 枚同袖子中心花样第 2、第 3 枚；第 4 枚与第 1 枚对称分布，在左右下角各填半个花芯。

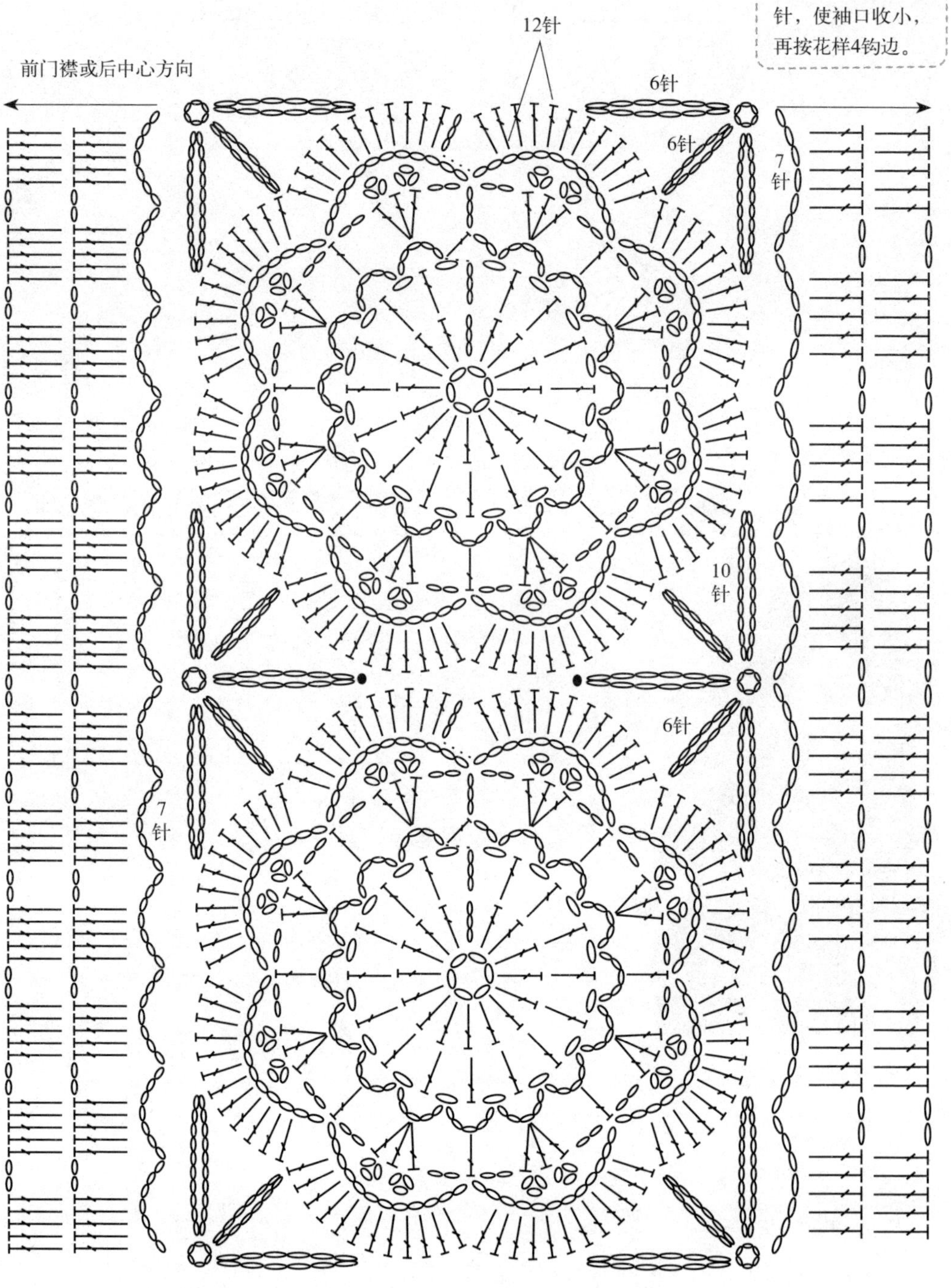

袖子方向钩织4行，第4行5针长针间的辫子针钩1针，使袖口收小，再按花样4钩边。

花样1　中心花样

袖身 袖边

❶ 用 4 根开司米按花样 1 右侧网格花样钩织，整圈共 24 个网格。

❷ 按花样 4 钩袖口花边，共形成 24 个小扇形花样。

后中心拼花与袖子的连接

❶ 用 4 根开司米按花样 1 左侧网格花样钩织，先在袖子拼花的衣身方向钩网格作为底针，前后片 6 块中心花样的边缘分布各 6 个网格，整圈共 36 个网格。

❷ 第 1、第 2 行圆筒形钩织，第 3 行开始正反方向往返钩织，按花样 2 在前门襟下方收圆角，注意最后 1 行要与后中心拼花连接起来，连接点 4 块中心花样边缘分布 18 个网格，同袖子拼花边缘网格的接点，接点为 2 针辫子针的中点，即 1 针辫子针、用拉针与后中心拼花对应点连接、1 针辫子针、5 针长针……重复到拼接结束。

❸ 沿着门襟、下摆、后领边缘钩 1 圈短针，前圆角部分每格钩 5 针短针。

❹ 第 1 行钩网格，整圈共 90 个网格（一定是 3 的倍数，如前 1 行短针数不能整除，请适当调整），以后按花样 3 钩大扇形花边。

前门襟收圆摆

前后身方向钩织 10 行，前 2 行圆筒形钩织，共 36 个花宽；后 8 行往返钩织，每 1 行收半个花宽，收 8 次，共收 4 个花宽。再沿斜边每格钩 5 针短针，然后按花样 3 钩大扇形花边。

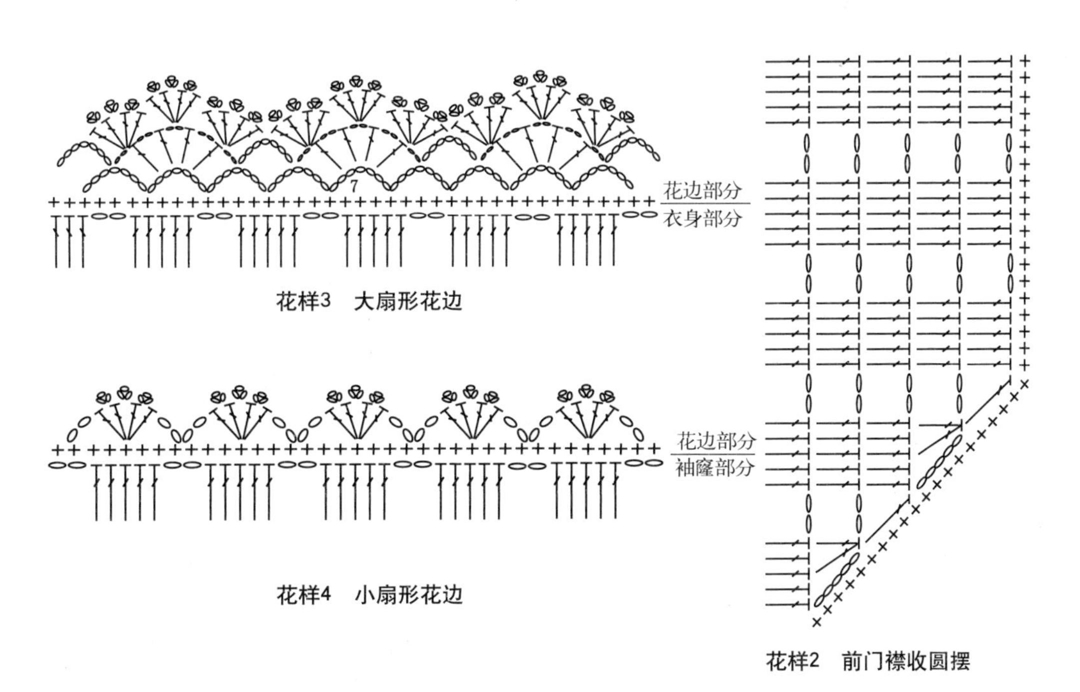

花样3 大扇形花边

花样4 小扇形花边

花样2 前门襟收圆摆

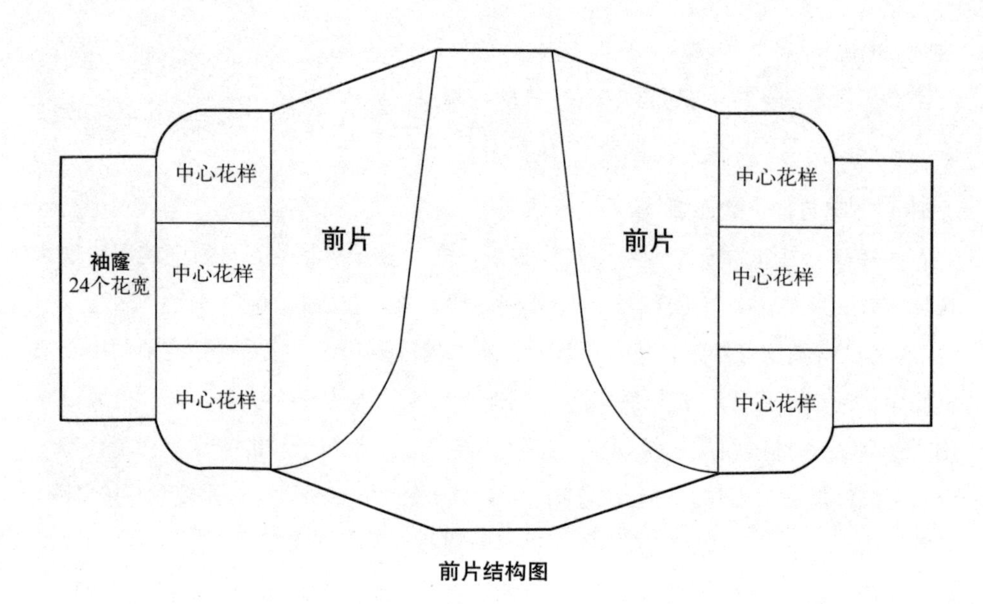
中心花样
中心花样
中心花样
袖窿
24个花宽
前片
前片
中心花样
中心花样
中心花样

前片结构图

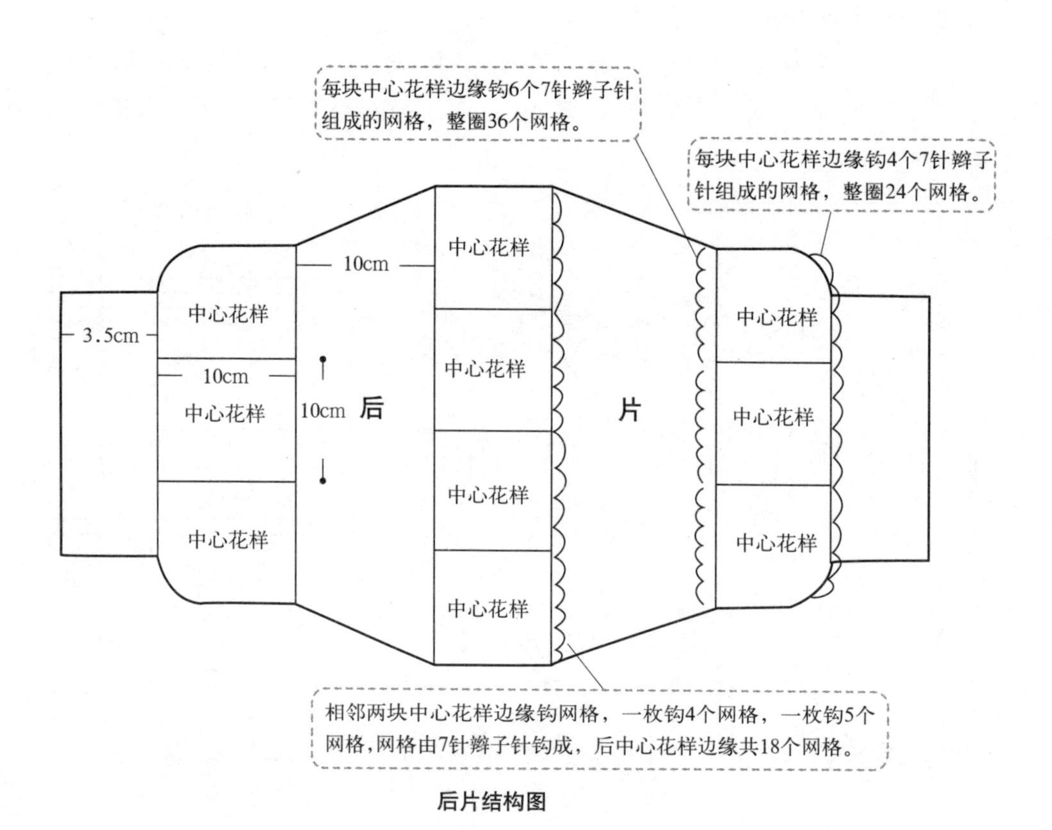
每块中心花样边缘钩6个7针辫子针组成的网格，整圈36个网格。
每块中心花样边缘钩4个7针辫子针组成的网格，整圈24个网格。
10cm
3.5cm
10cm
10cm
中心花样
中心花样
中心花样
后
中心花样
中心花样
中心花样
中心花样
片
中心花样
中心花样
中心花样
相邻两块中心花样边缘钩网格，一枚钩4个网格，一枚钩5个网格,网格由7针辫子针钩成，后中心花样边缘共18个网格。

后片结构图

8　彩色page51　钩织方法

菱形花短袖套衫

原　　料　白色棉线 300 克。

钩针直径　2mm。

规　　格　胸围 96cm，衣长 49cm，挂肩 20cm，肩宽 36cm，后领宽 18cm，前领深 9.6cm，袖长 15cm，袖山高 7.5cm，下摆边、袖口边、领口边宽 1cm。

钩织要点

前后衣片

❶ 辫子针起头 224 针（90cm 长），围成圆筒形作为底针，按花样 1 钩织。

❷ 织到 5.5 个花高，即 35 行（26.5cm 长）时，后片挂肩开始收针，左右两侧前后片各平留 1 个菱形花宽（即前后片各半个），沿着网格边缘往返收针，衣长共 10 个花高（48cm）。

❸ 将线连接到前片挂肩收针位置，用同样的方法收前挂肩。

❹ 钩到 8 个花高位置时，按图示开前领，领深共 2 个花高，9.6cm。注意最后 1 行每个网格或扇形花中点要与后片相应位置用拉针连接，这样左右肩拼接完成。

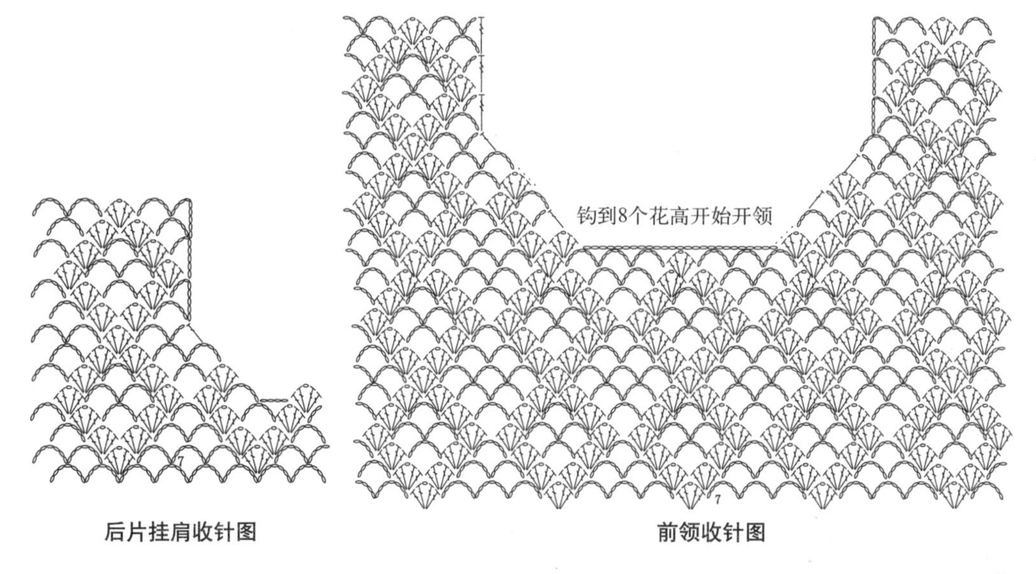

后片挂肩收针图　　前领收针图

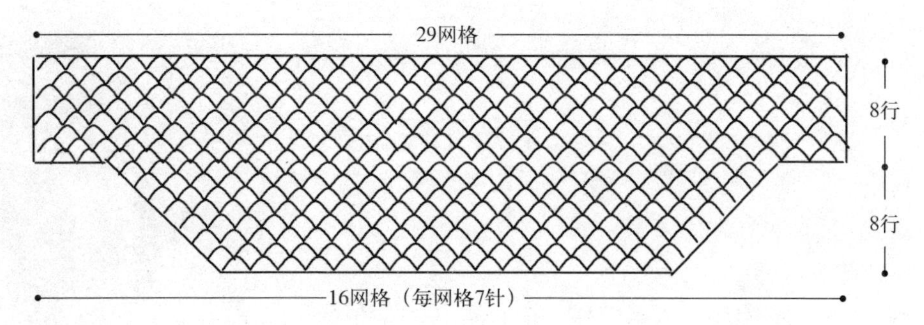

袖子

袖子

❶ 按图示从袖窿挂肩中点连接后钩织。

❷ 沿着袖口钩袖边，先钩 2 行短针，每个网格钩 3 针，第 3 行钩 3 针短针、1 个狗牙拉针，重复钩织到行尾。

领口边 下摆边

领口边的钩织同袖口边，下摆边的钩织基本同袖口边，但每个网格钩 4 针。

最后钩1条150cm长的系带，穿在腰部位置。

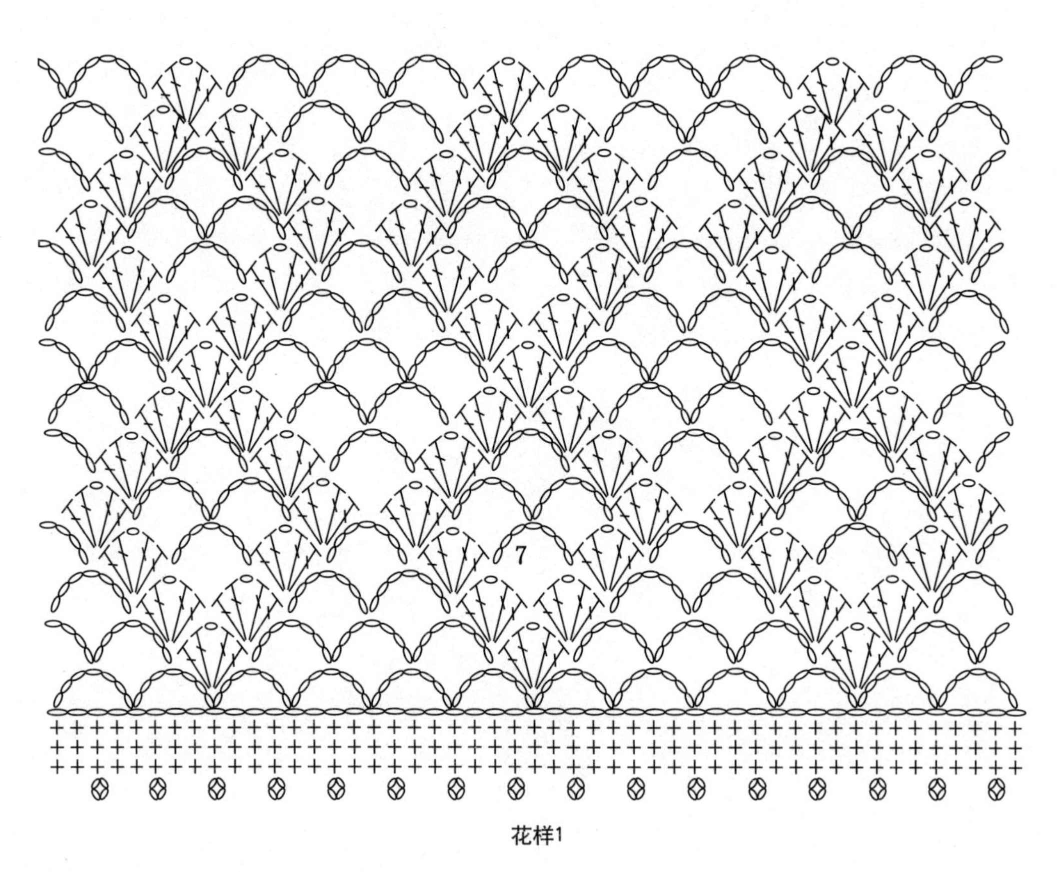

花样1

9　彩色page52　钩织方法

多卷荷叶边长围巾

原　料　浅黄色马海毛 150 克，咖啡色马海毛 25 克。

钩针直径　2mm。

规　格　长 157cm，宽 19cm。

钩织要点

1. 从长围巾宽度方向中心起头，用马海毛 2 根并线钩 275 针辫子针作为底针（长 140cm），以后按花样钩织。
2. 第 4 圈开始换咖啡色马海毛。
3. 第 7 圈换浅黄色马海毛钩 1 圈狗牙拉针花边。
4. 围巾长度容易拉长，所以钩织密度宜大些，尤其是起头时应注意辫子针的紧密度。

小贴士

最后1圈花边由短针和狗牙拉针组成。

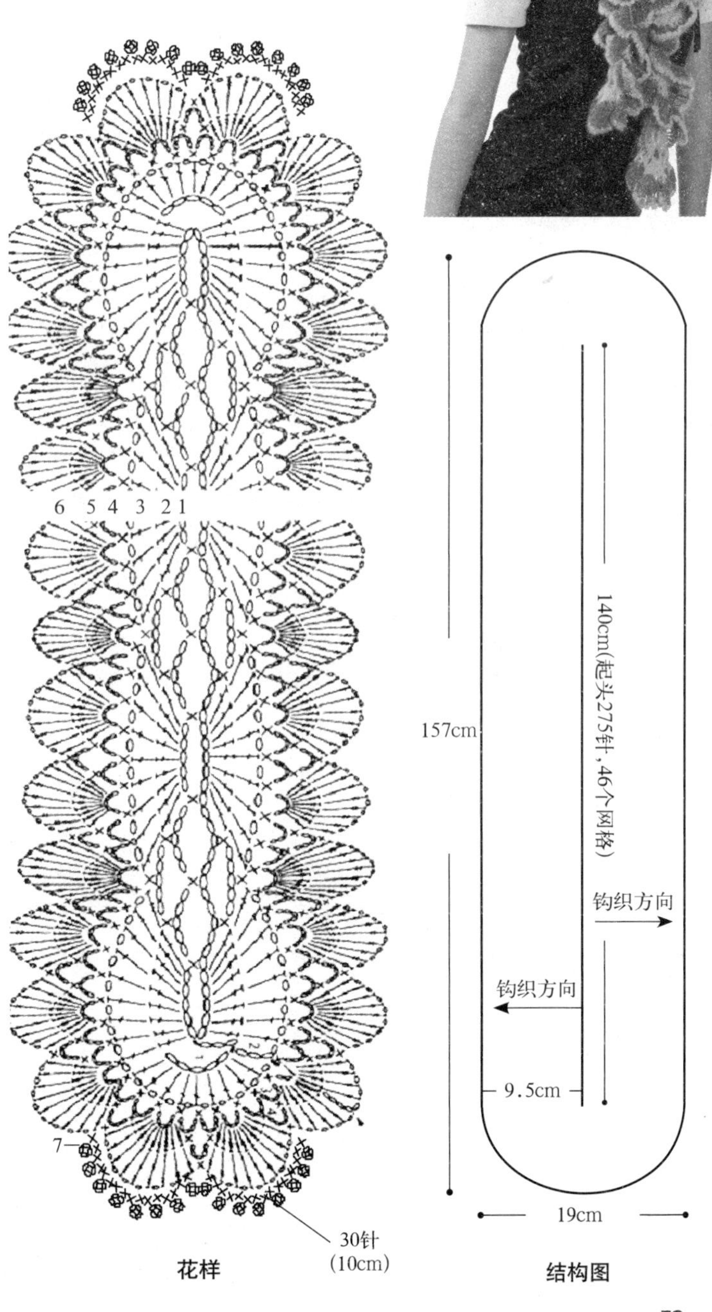

花样　　结构图

蝴蝶花边多角披巾

10 彩色page52 钩织方法

原　　料 豆绿色花式线 300 克，墨绿色花式线 50 克。

钩针直径 2.5mm。

规　　格 长 174cm，宽 84cm。

钩织要点

披巾

❶ 按钩织花样从中心开始钩，先钩 8 针辫子针围成圈作为圆心，往返钩织。

❷ 钩到第 24 行，三角两边由 3 针长针组成的小花样有 24 个，底边高为 28cm。原线不断，以备后用。

❸ 开始在三角左右两边中间位置加出两个小三角：右边小三角第 1 行在大三角右边第 12 个小花样的第 1 针长针上另接上同样的纱线，插入左边 2 针辫子针内开始钩，再与左边长针花形用拉针连接，钩织规律同大三角，行尾与大三角连接。这样往返钩 6 行结束，断线。左边小三角用同样的方法钩织。

❹ 继续第 25 行，4 个内弯角处左右两边的长针各为 1 针，且之间没有辫子针，其他均同原钩织规律。

❺ 第 26 行 4 个内弯角处左右两边的长针各为 2 针，且之间没有辫子针，其他均同原钩织规律。

❻ 第 27 行 4 个内弯角处左右两边的长针各为 3 针，且之间没有辫子针，其他均同原钩织规律。

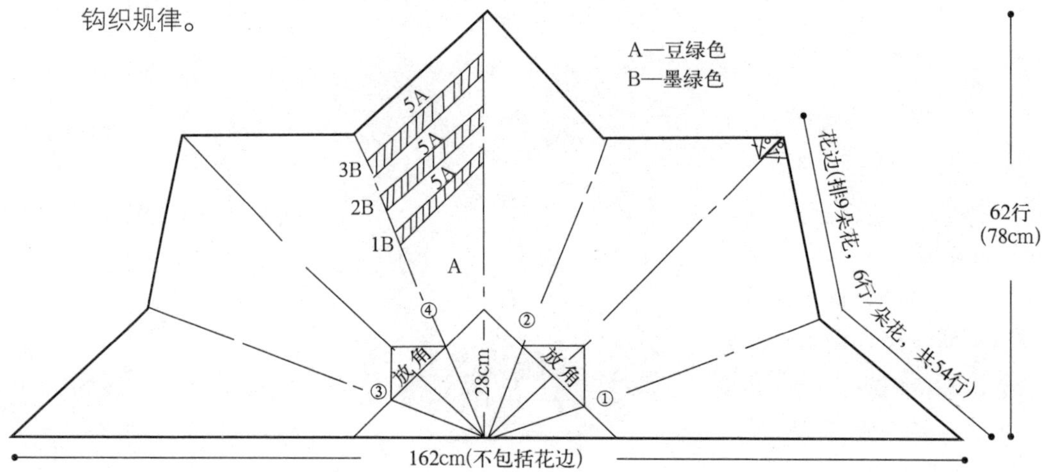

披巾结构图

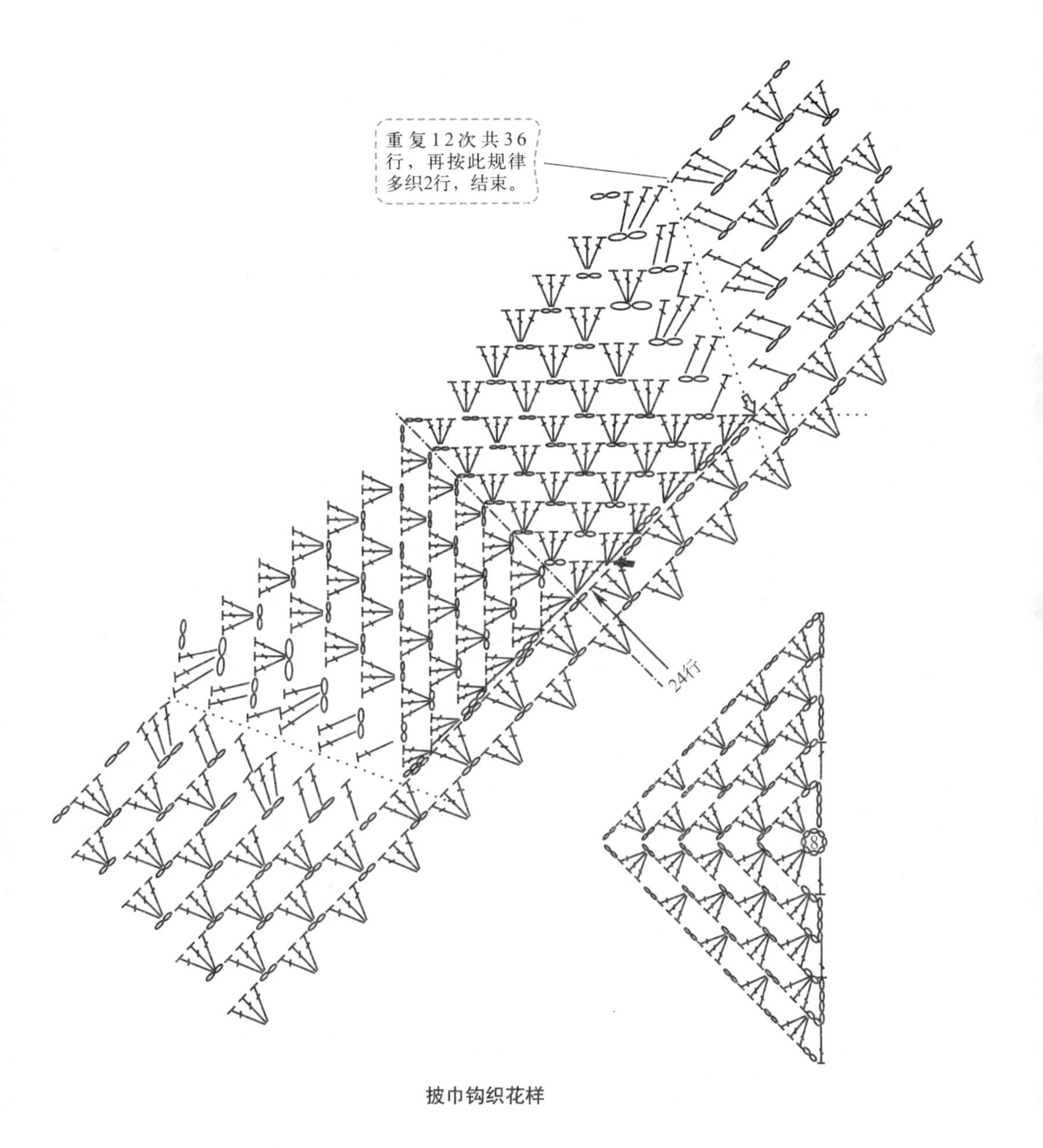

披巾钩织花样

❼ 以后各行重复第25行到第27行钩织方法，直至第62行结束。但第42行、48行、49行、55行、56行、57行换用墨绿色花式线钩织，见结构图。

花边

❶ 用墨绿色花式线开始钩花边，起头18针辫子针作为底针，与披巾边缘用拉针连接，以后往返钩织。

❷ 花边每6行组成一个完全花高，连接披巾边缘约4个小方格，三角两边共排36个

完全花高，当然也可根据具体尺寸来定。注意每个角的内转弯处行距略大一些，外转弯处的行距略小一些。

❸ 披巾底边钩1行小扇形花，钩3针辫子针、3针长针（插入同一点），与底边用拉针连接，再钩3针辫子针、3针长针，与底边连接，重复到行尾后断线。

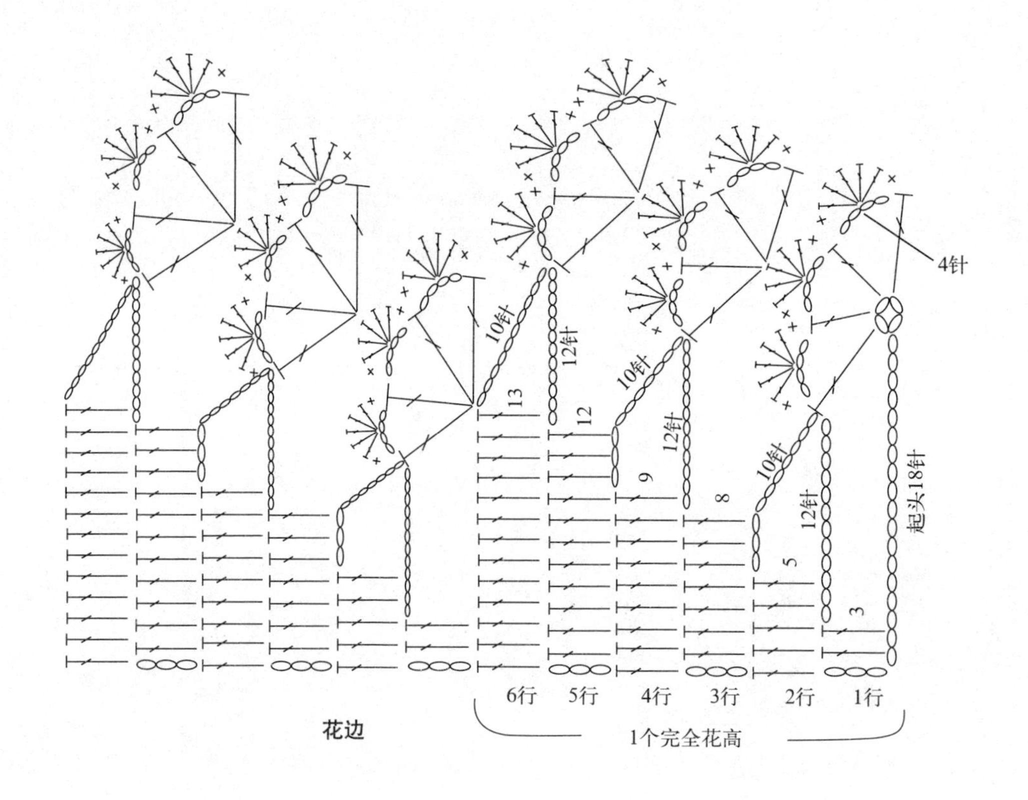

11 彩色page52 钩织方法

双色立体多节花小披肩

原　　料	白色花式线100克，紫色开司米25克。
钩针直径	1.5mm。
规　　格	领围50cm，披肩长29cm，领边宽3.5cm，流苏长2cm。

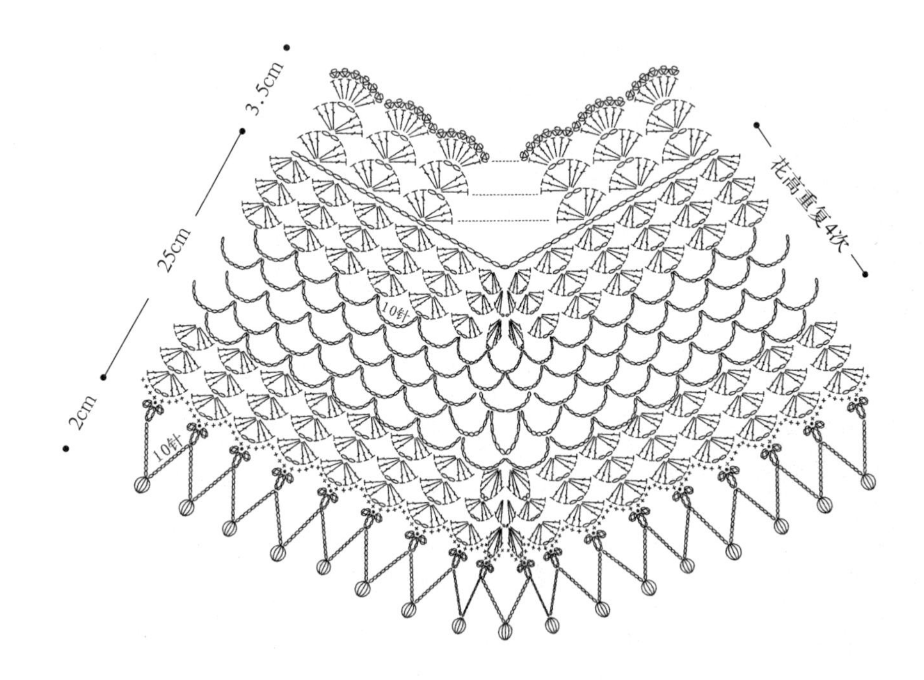

钩织要点

❶ 用白色花式线钩 1 条 50cm 长的辫子针作为底针，首尾相接，围成圆筒形。

❷ 开始钩小扇形花样，第 1 行整圈左右各 21 朵扇形花，前后中心同一位置各钩 2 朵扇形花作为放针位置。

❸ 第 4 行钩由 10 针辫子针形成的网格，前后中心各放出 1 个网格，每个网格插入点在第 2 行扇形花样 2 针辫子孔中，使第 3 行扇形花样突出，形成立体效果。

❹ 用 2 根紫色开司米在每一个花高的最后 1 行扇形花样边缘钩 1 圈短针，并在扇形花样中点钩三叶狗牙拉针。整个披肩共 5 圈。

❺ 在披肩下摆边缘钩流苏 2.5cm 长，流苏钩法是在三叶狗牙拉针中心开始钩 10 针辫子针、1 个由 5 针中长针组成的中长针枣形针、再钩 10 针辫子针，用拉针与下一个三叶狗牙拉针中心连接，重复钩到行尾。

❻ 沿着领围用紫色开司米钩领边，领边也是小扇形花样，整个领围分布 32 个扇形花样，钩 2 圈，第 3 圈在第 2 圈扇形花样中间钩 7 针长针（每两针之间钩 1 针狗牙拉针）组成的扇形花样。

❼ 最后用白色和紫色混合线钩 1 条 100cm 长的系带，穿在领围线上。

12 彩色page52 钩织方法

双色小三角网格长围巾

原　　料　姜黄色、绿色羊毛线各 75 克。

钩针直径　2.5mm。

规　　格　长 204cm，宽 18cm，边宽 2cm。

钩织要点

❶ 用姜黄色毛线钩 73 辫子针起头（20cm 长）作为底针，以后按图示钩织。

❷ 重复第 1~6 行，钩约 5 个花高，即 29 行结束后断线。

❸ 用绿色毛线按同样的方法编织花样，并每行钩到两边与钩好的一段花样左右连接起来。

❹ 以后轮流用姜黄色、绿色毛线钩织，每段花样左右都要连接起来，共钩织 10 段，连接成长围巾。

❺ 沿着围巾的四周钩边，两边钩 20 针辫子针（双折长度为 2cm）形成的流苏，每个花宽均匀分布 10 个。两端每个花高均匀分布 6 个。

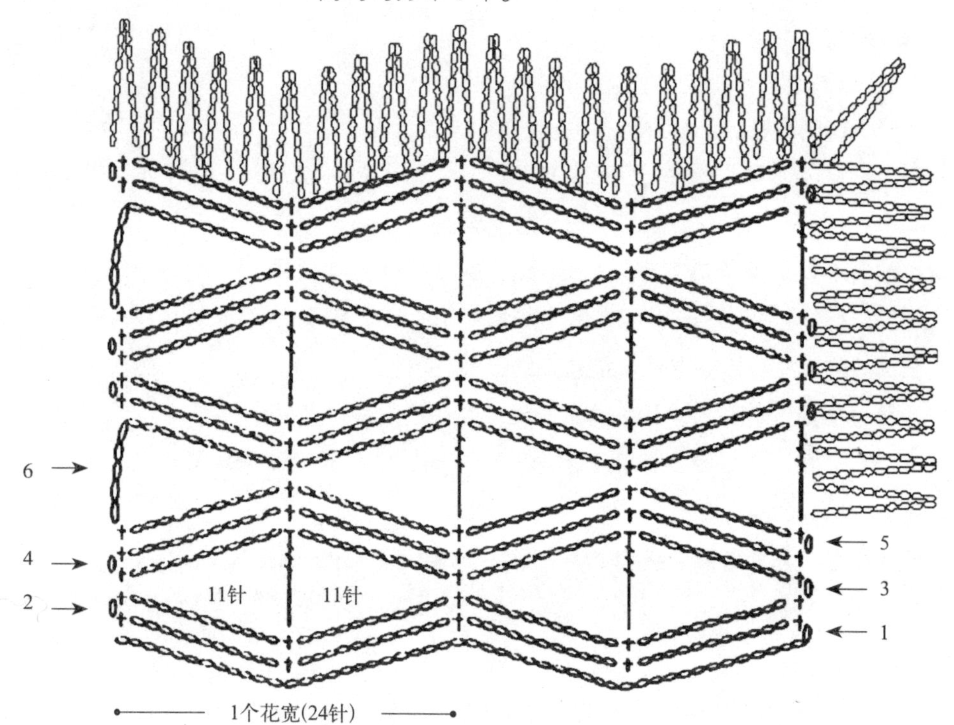

13 彩色page52 钩织方法 小三角交叉网格长围巾

彩色page52

原　　料 姜黄色羊毛线 150 克。

钩针直径 2.5mm。

规　　格 长 200cm（包括流苏长 10cm），宽 18cm。

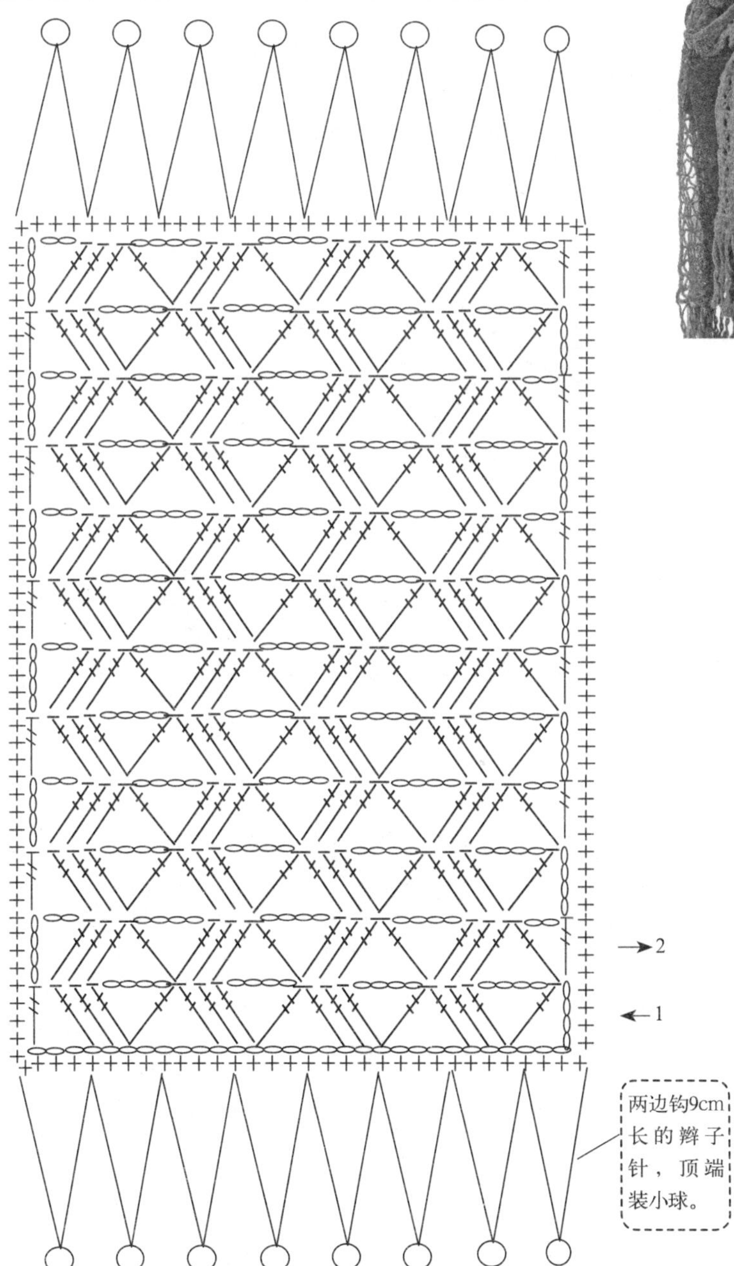

两边钩9cm长的辫子针，顶端装小球。

14 彩色page53 钩织方法

四圈针翻边帽

原　　料　白色羊毛细绒线 75 克。

钩针直径　2mm。

规　　格　最大周长 56cm，帽深 19cm。

钩织要点

该帽子分成帽顶和帽身两部分，帽顶钩织中长针枣形针，帽身钩织四圈针。

A=19cm(重复往返钩14行)

B=6.5cm

15 彩色page53 钩织方法 鱼鳞花小拎包

原　　料　洋红色聚酯线 100 克。

钩针直径　2mm。

规　　格　长 21cm，底宽 6cm，高 16cm，边高度 3.5cm。

钩织要点

包身

❶ 第 1 行底组织：钩 36 个 V 字形花样。

❷ 第 1 行面组织：18 个扇形立体花样（分别插入底组织 V 字形的左右长针中，先从上往下、再从下往上钩）。

❸ 重复以上钩织，扇形立体花样交叉排列，共钩织 13 行（即 13 行底组织和 13 行面组织），包身高度为 12.5cm。

包边

❶ 第 1 行沿着包身边缘钩 1 行短针，每个鱼鳞花上对应 5 针（即每鱼鳞花花宽收去 1 针），共 90 针。

❷ 在钩第 4 行时开 4 个装拎带的孔。包边高度 3.5cm。

小贴士

最后编 2 根长 40cm、宽1.2cm的拎带，固定在包边4个开孔位置上。

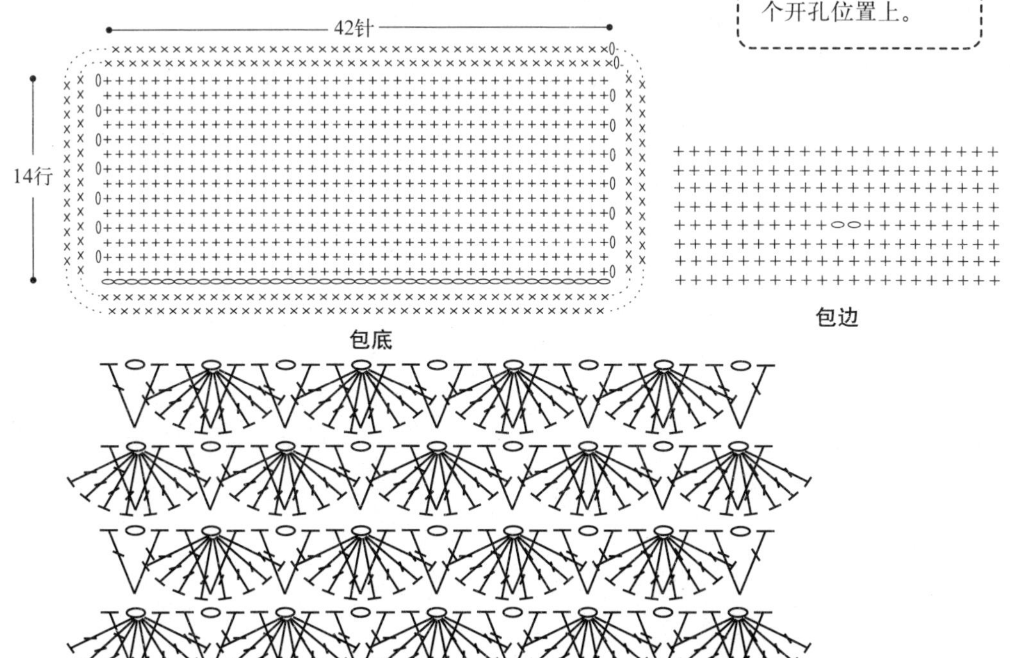

包身鱼鳞花

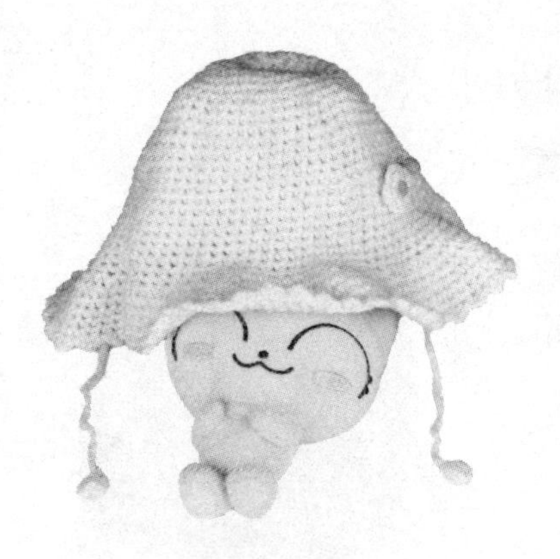

18 彩色page53 钩织方法

珍珠花婴儿帽

原　料　淡黄色羊毛线 50 克，橙色毛线少许。
钩针直径　2mm。
规　格　帽身最大周长 58cm，帽檐最大周长 84cm，帽深 14cm。

钩织要点

帽子

整个帽子全部用特殊短针针法，即短针顶端钩出来的横向线圈要拉长，两相邻短针间形成较大的空隙。

❶ 用淡黄色羊毛线 2 根进线，钩 6 针辫子针围成圈作为底针。

❷ 第 2 圈钩 28 针短针，第 4 圈钩 32 针短针；以后每圈各增加 6 针，到第 9 圈为 60 针。

❸ 第 10 圈和第 11 圈不加针，为 60 针；第 12~14 圈为 65 针；第 15~17 圈为 70 针；第 18~25 圈为 75 针。帽身钩织结束，最大周长 58cm，帽深 14cm。

❹ 第 26 圈开始钩帽檐，整圈为 125 针短针。

❺ 第 27~31 圈不加针，都钩 125 针短针。

❻ 第 32 圈钩花边，最大周长 84cm。

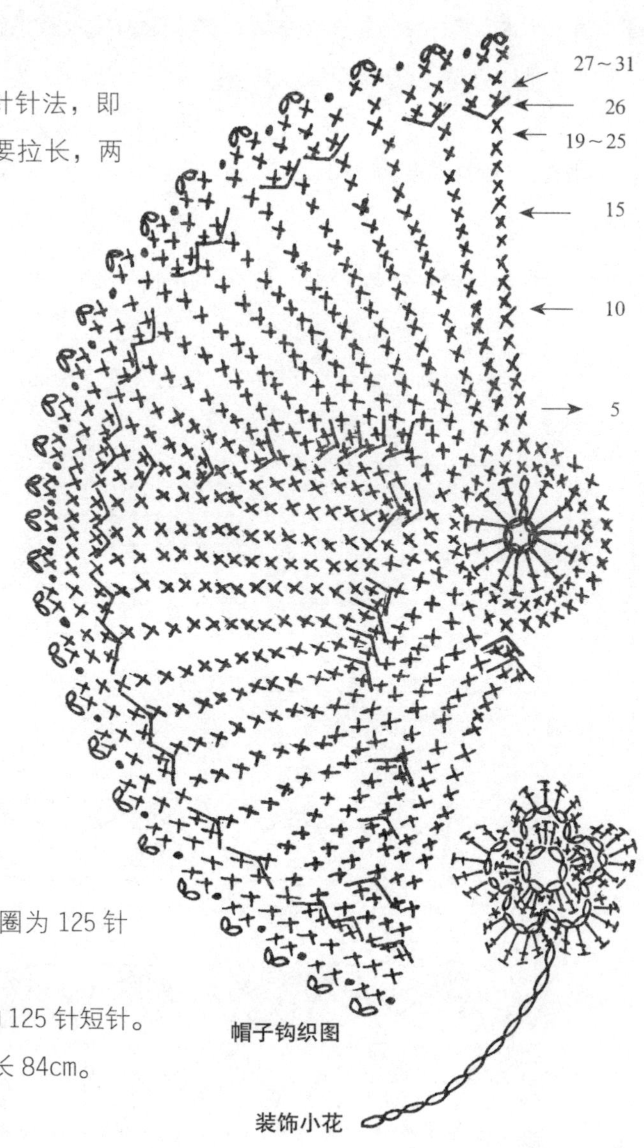

帽子钩织图

装饰立体小花

1. 在花朵底部钩1条6cm长的辫子针。
2. 用橙色毛线钩2个中长针枣子针，1个装饰在小花中心，另1个装饰在小花辫子下部，并将小花固定在帽子合适位置上。

小贴士

最后用2根淡黄色羊毛线钩2根20cm长的辫子针带子（一端钩中长针枣形针小球），钉在帽子两边内侧。

小扇形花边婴儿帽

17 彩色page53 钩织方法

原　　料　藏青色开司米100克，红色、黑色开司米少许。

钩针直径　2.5mm。

规　　格　帽身最大周长52cm，帽檐最大周长80cm，帽深14cm。

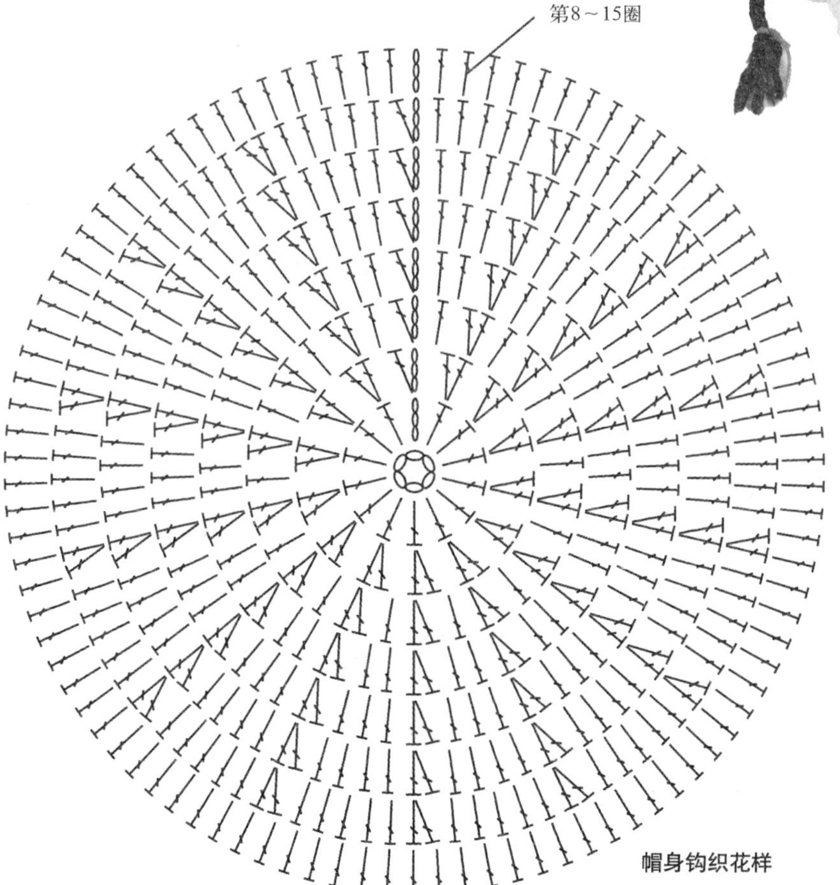

帽身钩织花样

钩织要点

帽身用长针针法，帽檐用长针钩成斜小方块。

帽身

用藏青色开司米钩长针。

帽檐

用藏青色开司米钩长针钩成斜小方块，形成一长80cm、宽5cm的长方形，将长方形宽度方向首尾在反面接点处连接起来，在帽檐边就形成小扇形状。

蝴蝶结

用藏青色线钩1条每行8针长针、共10行的长方形小条子，沿四周钩1圈短针，中间扎结，形成蝴蝶结，中心用藏青和红色混合线钩2条小带子缝上，另一端做2个混色小球装上。

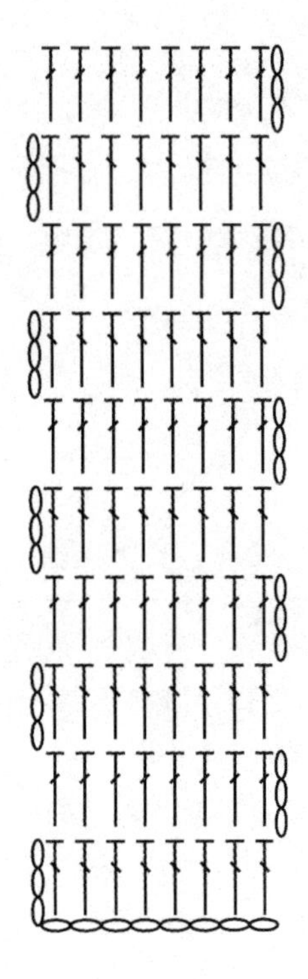

蝴蝶结

最后用黑色开司米编2条30cm长的麻花辫（系上红头绳）作为装饰，装在帽子内侧左右两边。

帽檐钩织花样

外边缘用红色开司米用短针钩1圈花边，沿帽檐小方块花样每4行钩8针短针，两个8针之间插入的短针沿径向进入1cm，形成月牙边。

19 彩色page53 钩织方法

四圈针遮阳帽

原　　料　米色涤纶线200克。

钩针直径　2mm。

规　　格　帽顶最大周长35cm，帽身最大周长53cm，帽檐最大周长90cm，帽檐宽7cm，帽深17cm。

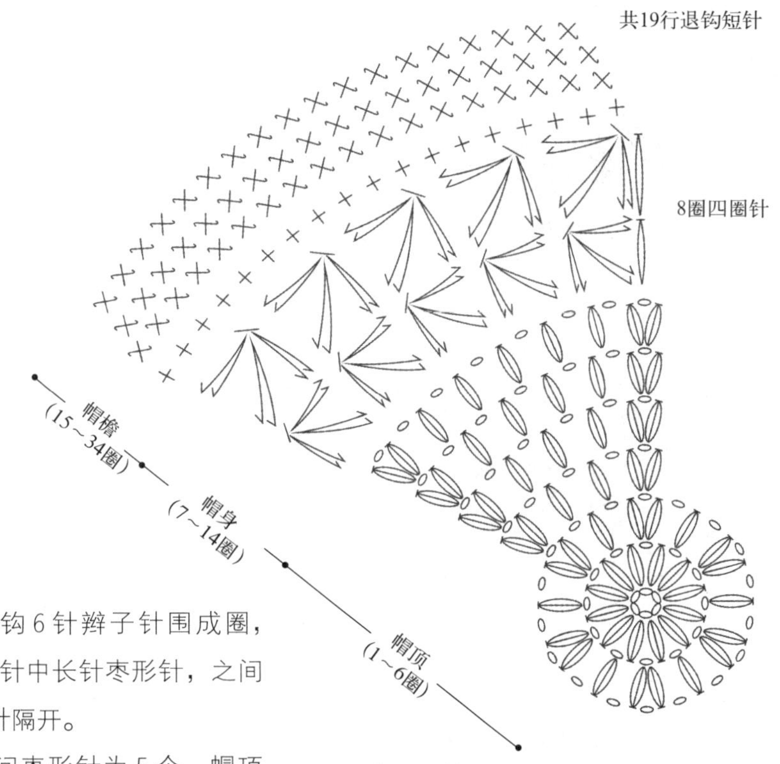

钩织要点

帽顶

❶ 按图示起头钩6针辫子针围成圈，第1圈共12针中长针枣形针，之间有1个辫子针隔开。

❷ 到第6圈中间枣形针为5个。帽顶完成，最大直径为12cm，最大周长为35cm。

帽身

沿着帽顶外围钩四圈针，每一单元分布4.5个，整圈为27个。正反面往返钩织，连续钩8圈，10.5cm长，最大周长为53cm，帽深17cm。

帽檐

❶ 沿着帽身边缘先钩1圈短针，第1个四圈针上钩4针短针，第2个四圈针上钩3针短针，以后重复到行尾。

❷ 在前1圈短针上依次连续钩6行退钩短针，针数不变。

❸ 第7行开始帽檐后中心分叉，往返钩织，对称收针，两侧收针方法为

2行收1针收2次，1行收1针收7次，1行收2针收2次。

❹ 从第10行开始均匀加针，第10、12、14行每钩10针加1针，第11、13行不加针。

❺ 第15行开始不加针，钩到第18行，第19行围着整个帽檐边缘钩1圈退钩短针结束。此时帽檐最大周长为90cm，帽檐宽为7cm。

小贴士

用辫子针钩2根60cm长的系带，固定在帽身左右内侧。

16　彩色page53　钩织方法

花边婴儿鞋

原　　料　紫红色羊毛线50克，白色羊毛线少许。

钩针直径　1.5mm。

规　　格　鞋底长9cm，宽4.5cm。

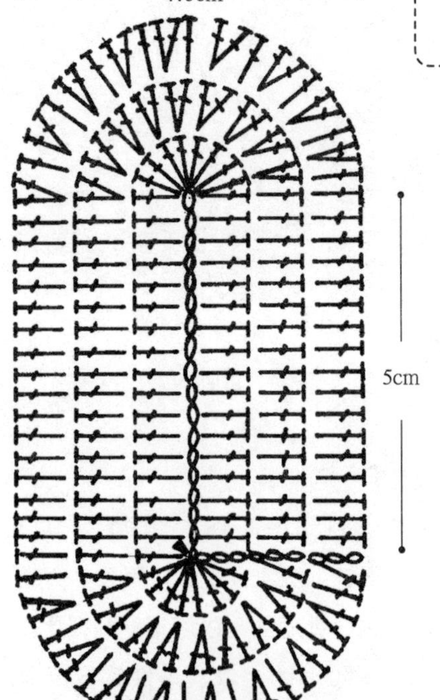

鞋底

钩织要点

宝宝鞋分为鞋底、鞋身、鞋面和鞋帮四部分，鞋底、鞋身和鞋面钩长针，鞋帮钩扇形花样。

鞋面

❶ 将钩好的鞋底和鞋身以起头的双辫子为对折线进行对折，以鞋身最后1圈的对折点为中心，将钩织点移到距对折点向右6针的位置（即鞋面第1行长针的开始点），按鞋面花样图开始钩鞋面的第1行，第1针长针插入鞋身对折点向右3针的位置，第2针插入原位，以后逐针插入，到第8、第9针插入同一位置，再与鞋身边缘用拉针连接（连接高度为3针）。

❷ 第 2 行先钩 3 针辫子针作为起立针与鞋身边缘用拉针连接，再反方向钩长针，两端各加 1 针长针，共 11 针。

❸ 第 3 行用同样的方法钩长针，不加针，共 11 针。

❹ 第 4 行两端各加 1 针长针，共 13 针。

❺ 第 5 行不加针，共 13 针。

❻ 鞋面完成时钩织点基本在中点位置，并可根据具体需要略增减鞋面的行数。

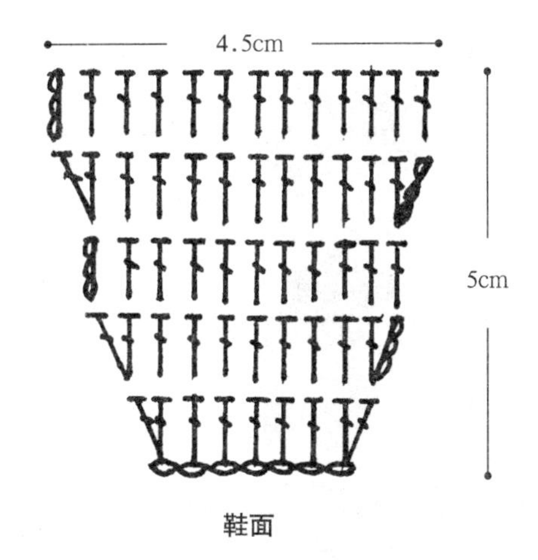

鞋面

鞋帮

沿着鞋面边缘和鞋身边缘钩鞋帮花样，按结构图钩 6 圈扇形花样，每圈钩 3 针长针插入同一点，2 针辫子针、3 针长针插入原位，以后重复；每圈 11 个扇形花样，前面部分排 4 个，后面部分排 7 个，第 1、3、5 圈用白色毛线，第 2、4、6 圈用紫红色毛线。再用白色毛线钩 1 圈短针和狗牙拉针，狗牙拉针均钩在扇形花样中间辫子针的顶端。

最后，沿着鞋底和鞋身的交接线、鞋面和鞋身的交接线用白色毛线钩 1 圈短针和狗牙拉针，2 针短针、1 针狗牙拉针重复，再用紫红色毛线钩 2 根系带（系带两端用白色毛线钩中长针枣形针小球），装在鞋帮上。

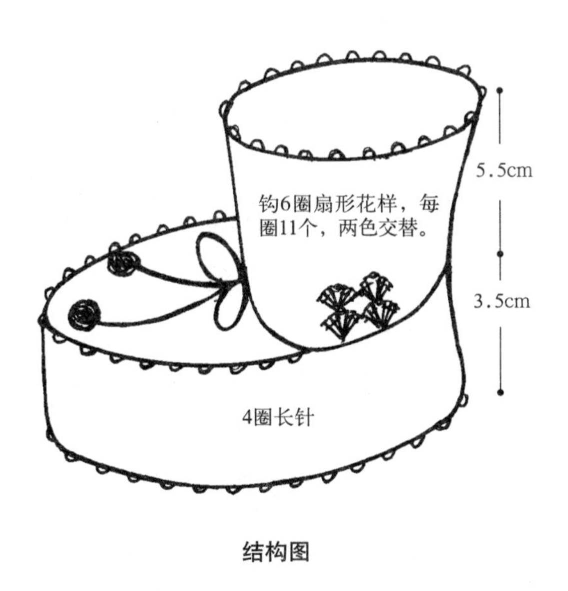

结构图

20　彩色page54　钩织方法

圆形大拼花渐变色套衫

原　　料　羊毛和丝线共 300 克。

钩针直径　2mm。

规　　格　胸围 87cm，衣长 58cm，前领深 13cm，后领宽 17cm，领边 2cm，下摆边 15cm，袖边 15cm，A 花型直径 14.5cm。

钩织要点

❶ 按花型 A、B 编织图编织单元花，花型 A 第 1 到 4 圈用 2 根羊毛和 1 根丝线并织、第 5 到 7 圈用 4 根羊毛并织；花型 B 第 1 圈用 2 根羊毛和 1 根丝线并织、第 2 到 3 圈用 4 根羊毛并织。

❷ 按拼花连接图和前后片结构图将单元花逐个钩织并连接起来。

❸ 在下摆部位 A 花之间补上 6 枚 B 半花。

花型A

下摆 用羊毛线先在 A 花上钩 20 针短针、B 花上钩 30 针短针，整圈共 300 针短针；继续钩 11 行交叉长长针（15cm）和 1 行短针连狗牙拉针。

袖边 同下摆边，共 100 针短针。

领边 用羊毛线在前领边缘每接点钩 10 针辫子针连接，同时后领边缘补上 2 枚 B 半花、A 花边缘 2 处 10 针辫子针连接；钩 1 行交叉长长针（插入点隔开 2 针短针），最后 1 行同下摆，共 2cm。

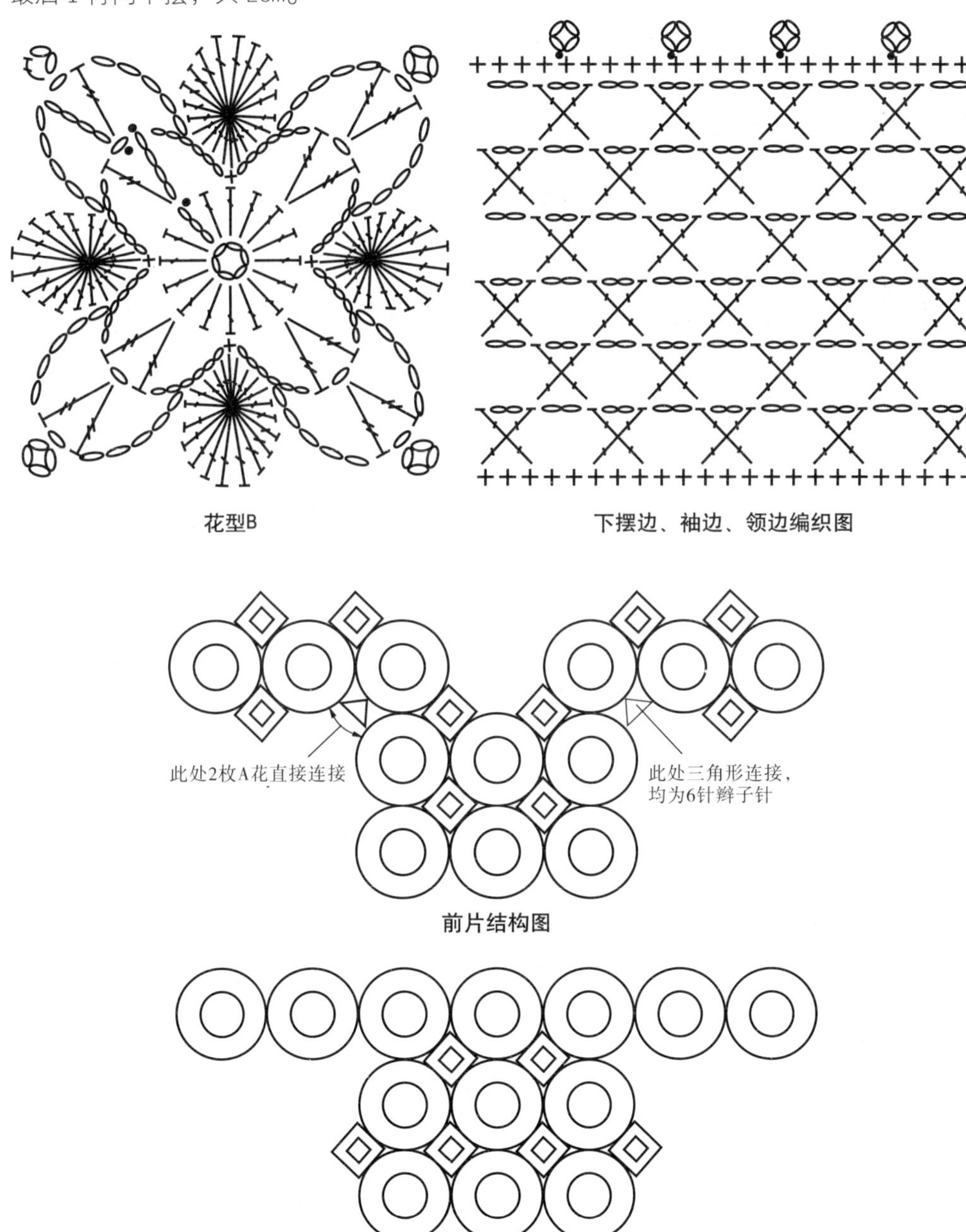

拼接图

方形拼花斜向拼接套衫

21　彩色page54　钩织方法

原　　料　淡黄色棉线100克。
钩针直径　1.5mm。
规　　格　胸围74.4cm，衣长46.5cm。

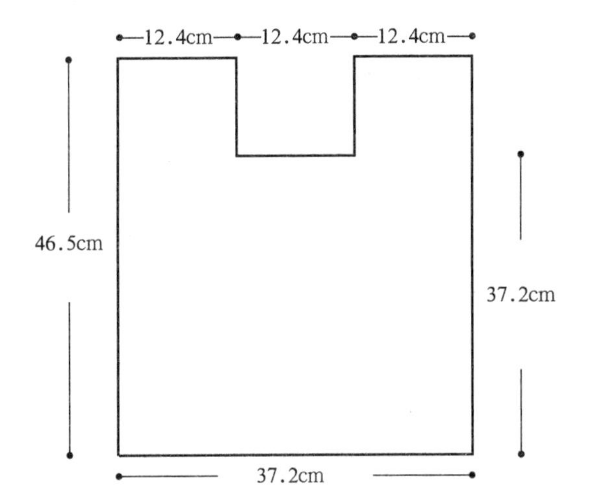

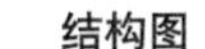

结构图

中心花样

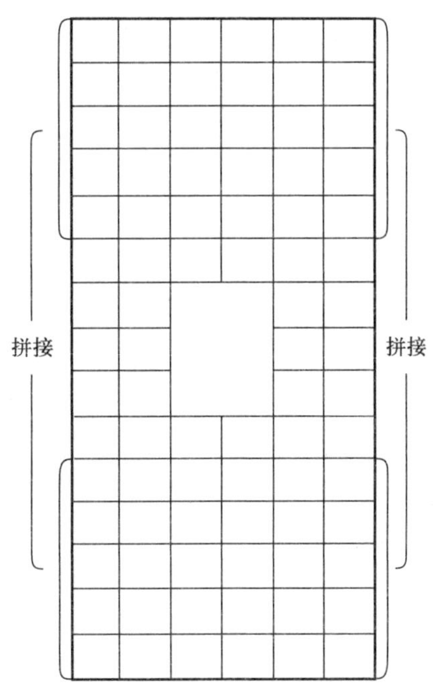

左右肩的拼接图

整件衣服由84块中心花样连接组成。

23 彩色page54 钩织方法

双色圆形组合拼花一线连接套衫

原　　料　2根中粗丝线并入，深紫色100克，浅紫色200克。

钩针直径　2mm。

规　　格　胸围80cm，衣长52cm，袖长30cm，袖宽15cm，花样直径10cm。

钩织要点

❶ 该衣由圆形A、B、C三种花样组合形成，花样A用浅紫色，花样B、花样C用深紫色，同种颜色拼花可一线连接。从下摆向上钩织。

❷ 用深紫色线钩B、C、B三个花样。

❸ 下摆和袖口边用浅紫色线钩2行短针和1行退钩短针；领边用浅紫色线钩1行短针和1行退钩短针（前领边95针，后领边55针）。

❹ 最后用浅紫色线钩1根135cm长的圆带串在腰部。

花样A

花样B

花样C

花样A组合（浅紫色）

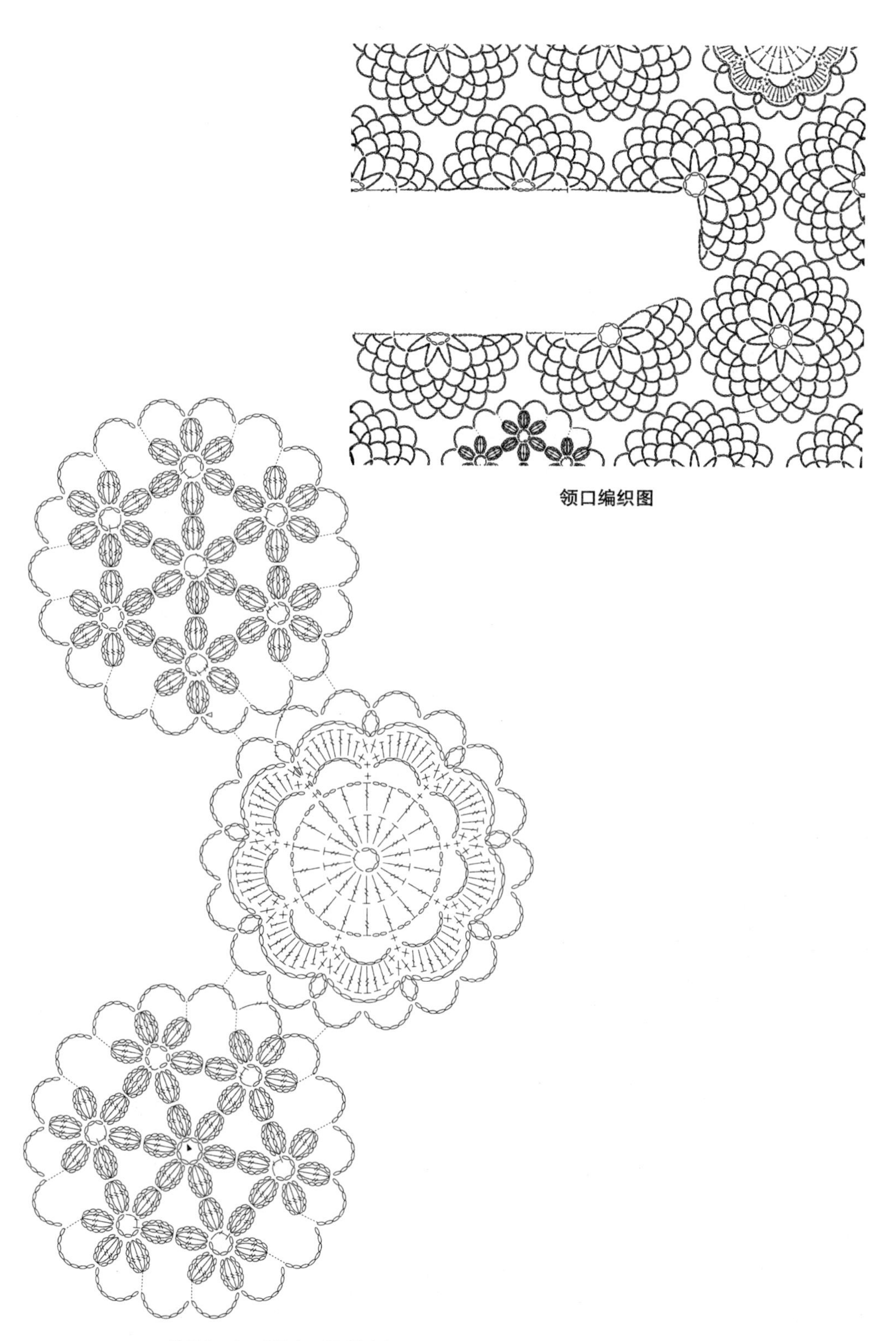

领口编织图

花样B、C、B组合（深紫色）

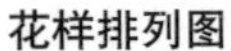
花样排列图

24 彩色page55 钩织方法 A字裙

原　　料　裙身黑色羊毛开司米 4 根进线，裙边网格为 2 根进线，共 300 克。

钩针直径　2mm、1.5mm。

规　　格　裙长 56cm，裙边长 12cm。

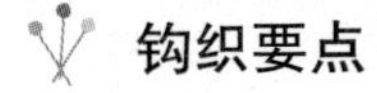

钩织要点

裙身（4 根进线）

❶ 先辫子针起头 192 针，钩 6cm 长（双层折边中间穿松紧带）。

❷ 钩 2+2 外钩长针和内钩长针组合 6cm 长。

❸ 在外钩长针旁增加 1 针外钩长针，再钩 6cm 长。

❹ 在内钩长针旁增加 1 针内钩长针，成 3+3 外钩长针和内钩长针组合，继续往下钩到 41cm 长。

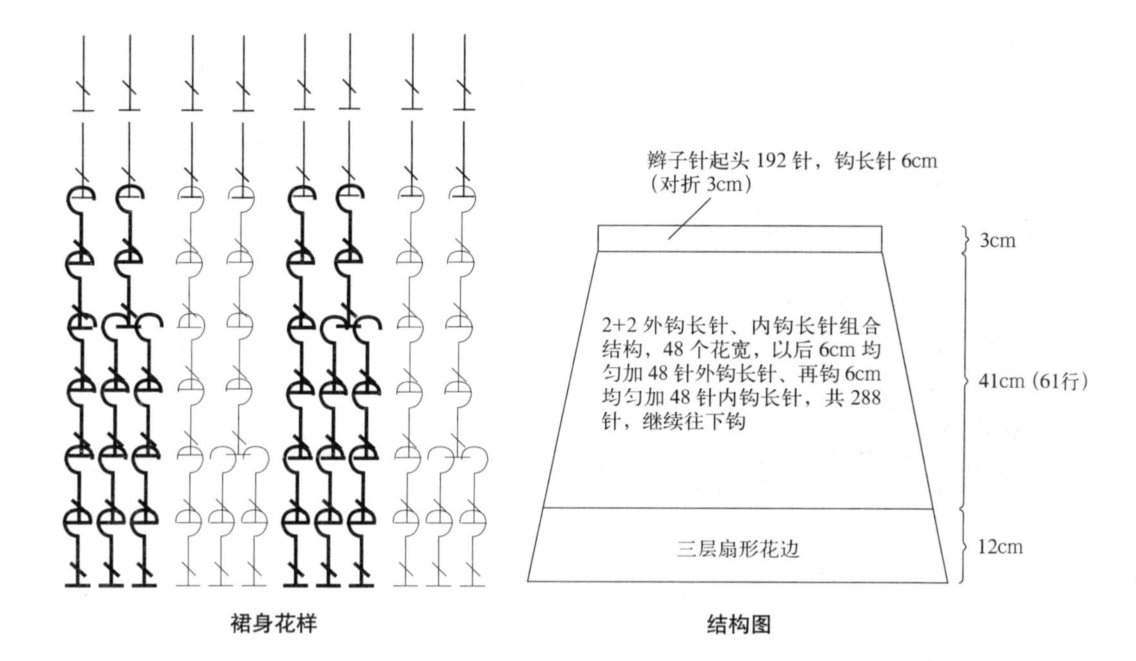

裙身花样　　结构图

裙边（2 根进线）

第一层：网格均为 7 针辫子针组成；第 1 行 9 针长针、第 2 行 10 针间隔长针（用狗牙拉针和 1 针辫子针隔开）、狗牙拉针 11 个；

第二层：网格从原交接处重叠钩 7 针辫子针 10 行；第 1 行 10 针长针、第 2 行 11 针间隔长针、狗牙拉针 12 个；

第三层：网格从原交接处重叠钩 10 针辫子针 13 行；第 1 行 11 针长针、第 2 行 12 针间隔长针、狗牙拉针 13 个。

总共 96 个网格、32 朵扇形花，形成 3 节重叠式花边。

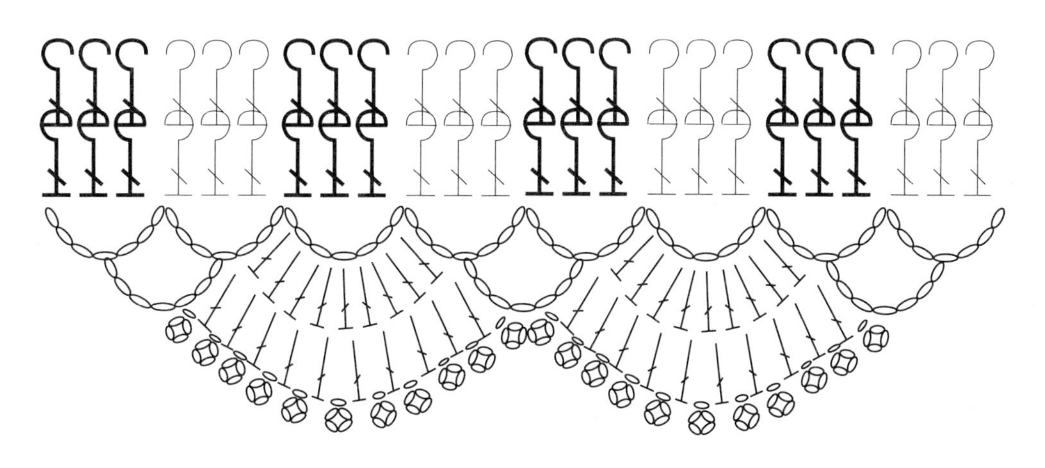

裙边花样

25　彩色page55　钩织方法

六边形一线连接套衫

原　　料　海蓝色棉线4根、金属丝1根并织，共400克。

钩针直径　2.5mm、2mm。

规　　格　胸围80cm，衣长53cm，下摆边2cm，六边形边长5.5cm、高10cm、对角线长度11cm。

钩织要点

❶ 按编织图和结构图逐个编织六边形花样并连接起来。前片比后片少三片花样，即粗线外的位置，后中心最高位置的二片花样为五边形。

❷ 最后在下摆边缘、领口、袖口边缘钩1行短针和1行退钩短针。并且退钩短针用细一号针来钩，这样能使边缘服帖美观。在领口位置串上约1m长的系带。

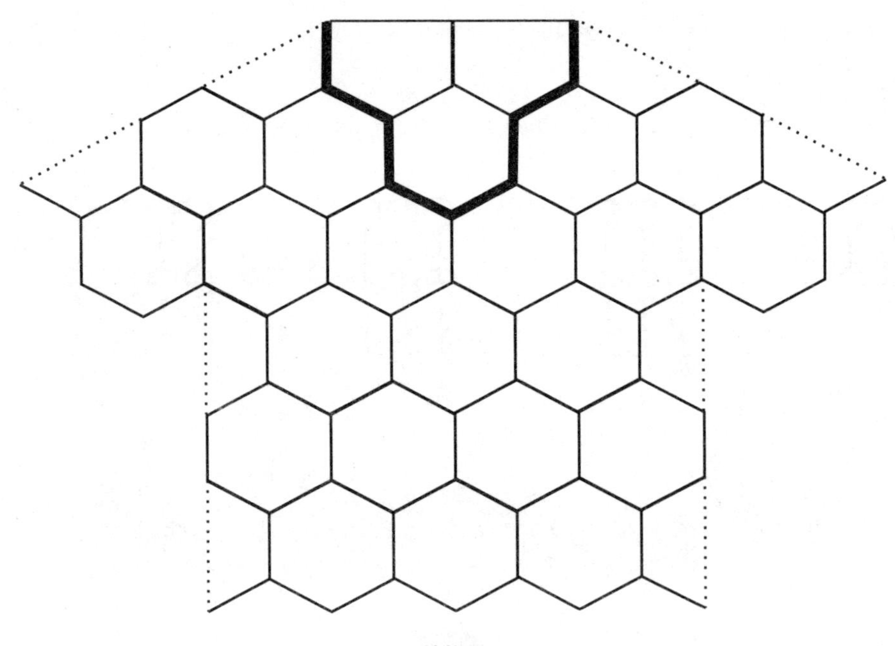

结构图

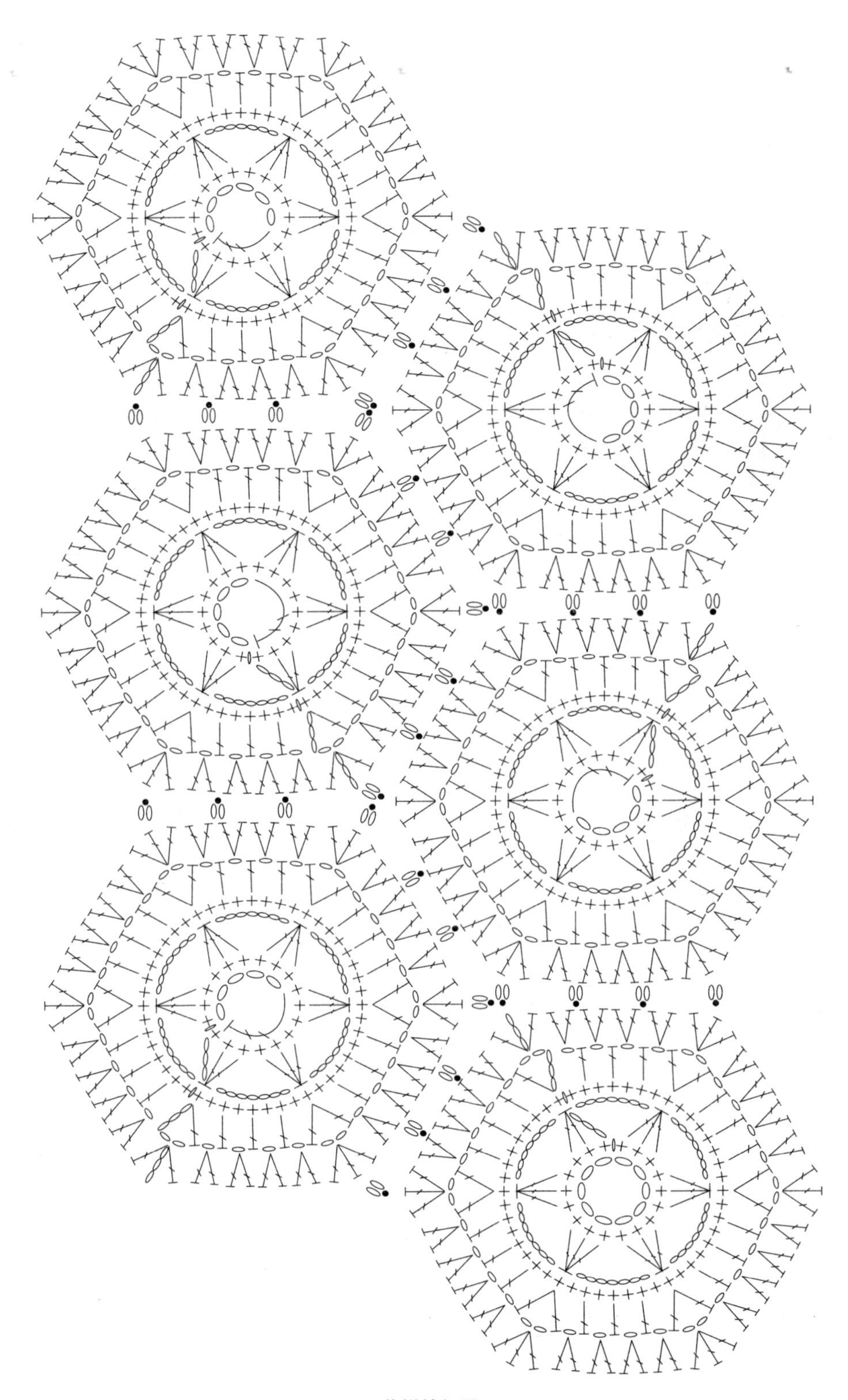

花样编织图

27　彩色page55　钩织方法

波浪边时尚台布衣

原　　料　黄色棉线175克。

钩针直径　2mm。

规　　格　花朵最大半径37.5cm，系带长27cm。

钩织要点

外圈花边 | 袖边

❶ 按花样3在外边缘钩4圈由7针辫子针组成的网格，每圈交叉连接，每边排列6个，即1个花宽排列12个。

❷ 按花样4钩最外圈，在前1圈每个网格中

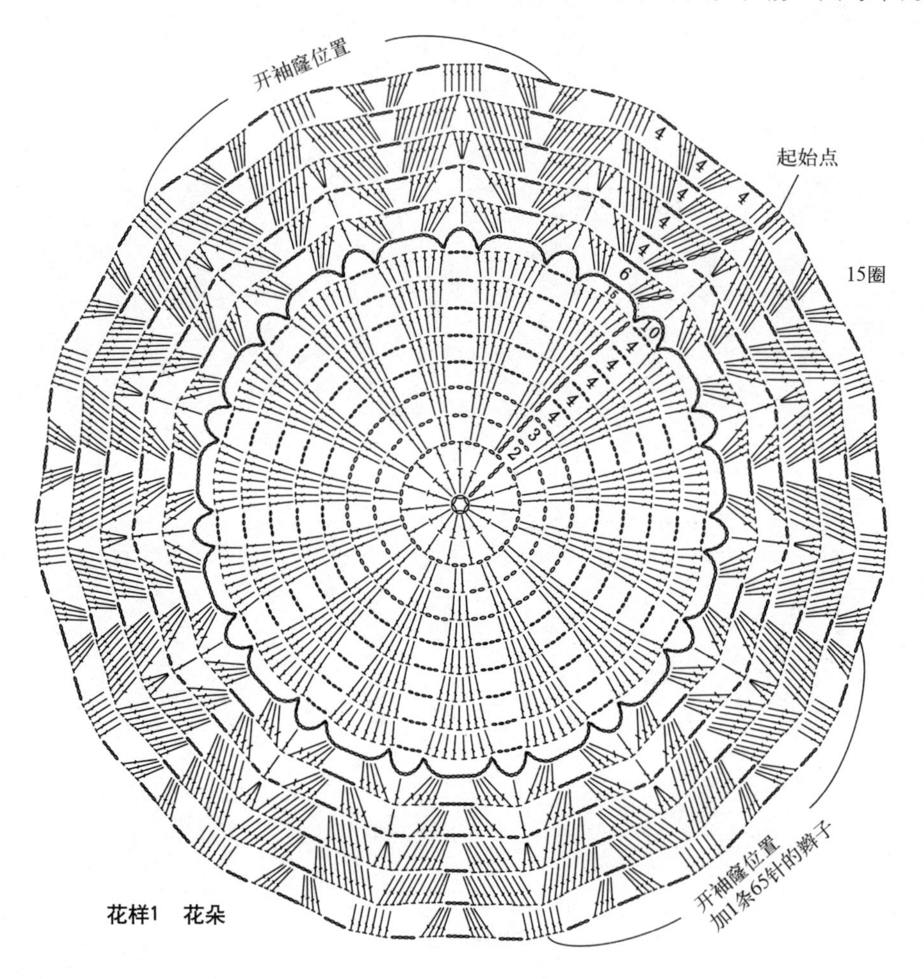

花样1　花朵

钩 3 针长针（第 2 针上钩 1 个狗牙拉针）、1 针辫子针，以后重复，但要注意在花样凹陷处 3 针长针分别插入 3 个网格内，最高处 1 个网格内插入 9 针长针，这样使外边缘服帖，钩织到行尾。

❸ 如结构图所示，在两个袖口位置钩袖口边，钩花样 4，袖边第 1 圈整圈钩 30 个网格，第 2 圈同衣服最外圈。

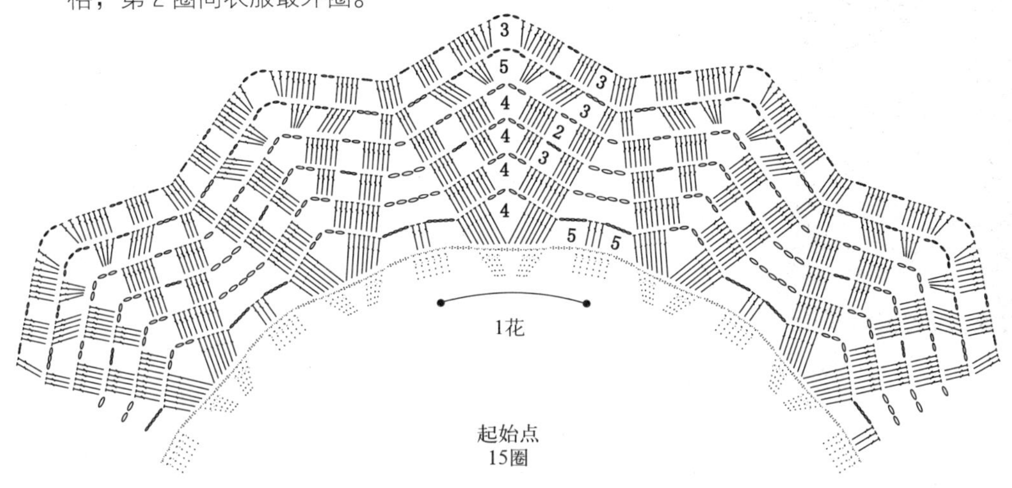

花样 2　花瓣

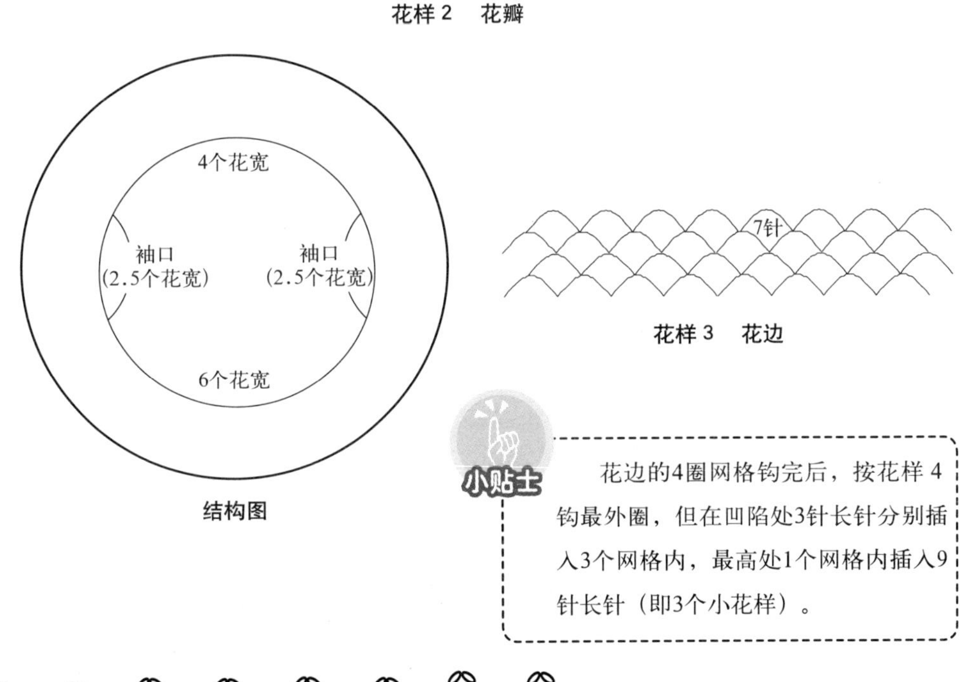

结构图

花样 3　花边

花边的4圈网格钩完后，按花样 4 钩最外圈，但在凹陷处3针长针分别插入3个网格内，最高处1个网格内插入9针长针（即3个小花样）。

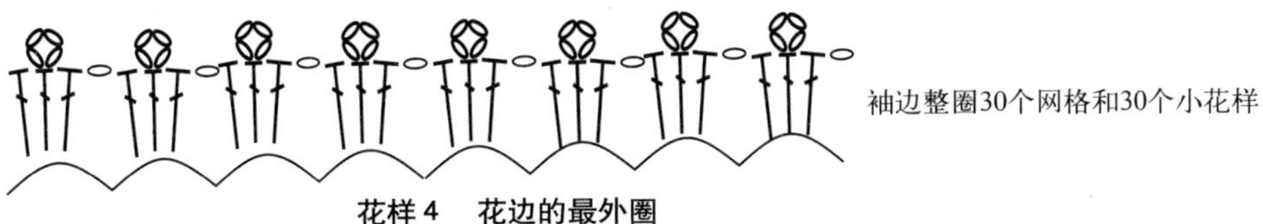

袖边整圈30个网格和30个小花样

花样 4　花边的最外圈

22 彩色page54 钩织方法

小方格花芯组合背心

原　　料　1根扁带丝线150克。

钩针直径　2mm。

规　　格　胸围78cm，衣长50cm，袖窿边0.8cm，领边0.8cm，前领深11.5cm，后领宽17cm，肩宽27cm，挂肩19cm。单元花对角线长度为13cm。

钩织要点

1. 按花型编织图钩单元花，并按花型排列图连接起来。
2. 按前片排列图钩左右网格，辫子针针数为8针。

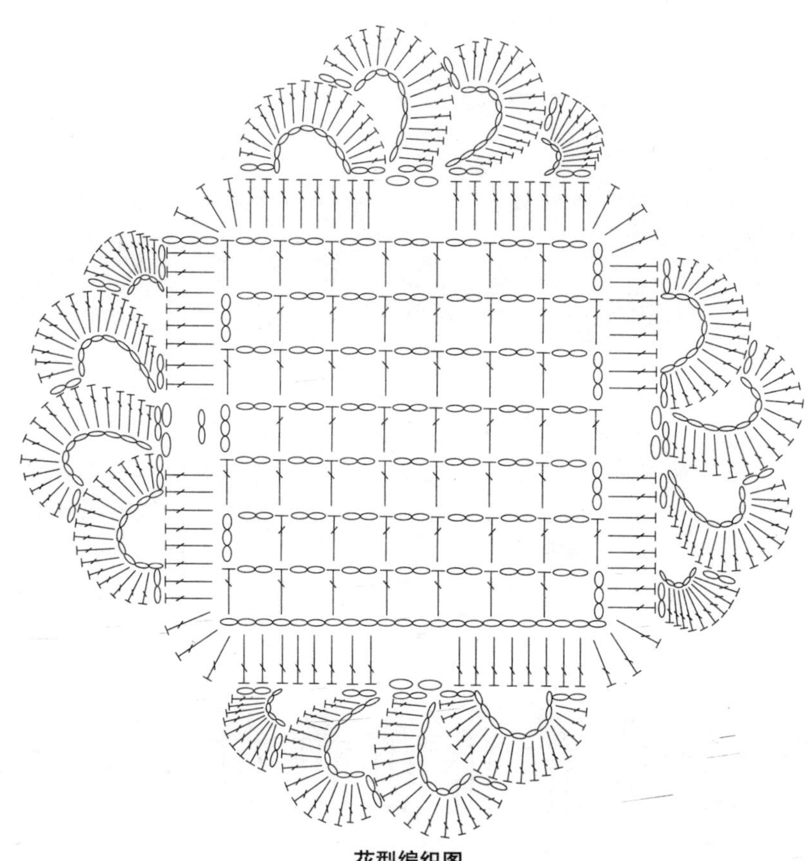

花型编织图

❸ 按后片排列图从中心位置开始钩网格，到肩部前后连接。

❹ 沿整个领圈和袖窿边钩 1 行长针。

❺ 下摆部分也可根据个人嗜好在 6 个凹陷处补角，花型同方格外圈的花瓣。

前片花型排列图

后片花型排列图

28 彩色page56 钩织方法

中袖一线连V领长套衫

原　　料 2根中粗丝线和2根金属线并织，共500克。

钩针直径 2mm。

规　　格 胸围84cm，下摆宽48cm，衣长71cm，下摆边3cm、袖口边3cm、领边1.5cm，前领深19cm，后领宽14cm，单元花边长12cm。

钩织要点

❶ 按花样A编织图钩单元花，并按花型结构图连接起来。

❷ 花样B、花样F编织方法：花样B和花样F连在一起钩，先根据花型来回钩3行长针与网格的组合（腋下位置收针）；再在B位置继续来回钩，并逐行收针；与前6行花

样对称钩织，逐行放针，注意上边缘逐行连接。

❸ 花样 C 钩到第 4 行时来回钩织，收出 V 领。

❹ 花样 D 先按花样 A 钩好，然后在正方形一边按对称花型钩 1/4 角。

❺ 花样 E 比花样 A 少钩 1 圈。

❻ 花样 G 可钩 3 行长针与网格组合，也可不钩。

下摆边

沿下摆边缘钩 1 圈短针，第 1、3、5、7 块正方形边钩 37 针，第 2、4、6、8 块正方形边钩 38 针，共 300 针，整圈 15 个花宽。

袖口边

基本同下摆边钩织，由于花型为 E 块，每块边缘钩 33 针短针，共 100 针。然后按图编织，整圈 5 个花宽。

领边

沿着领围第 1 圈钩短针，前领两边各 64 针，后领 40 针，共 168 针短针；第 2 圈钩由 10 长针组成的扇形花，每 8 针短针分布 1 个扇形花，共 21 朵花；第 3 圈钩退钩短针。

花样 A 编织图

花型拼接图

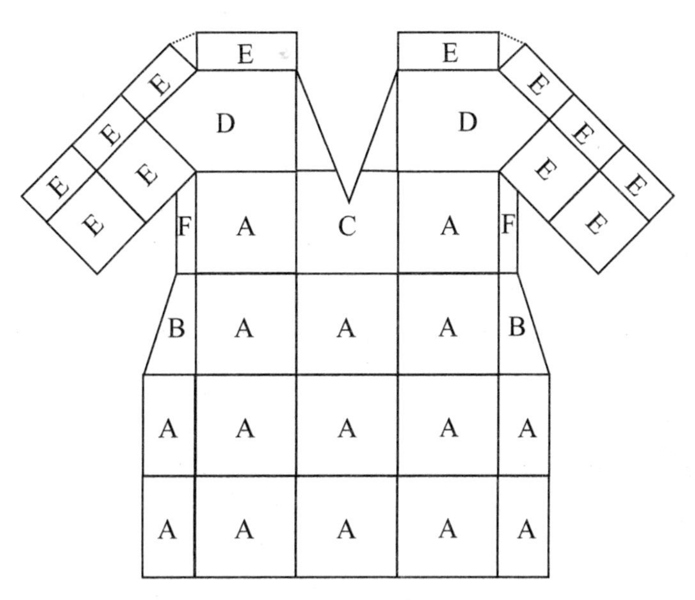

前片结构图

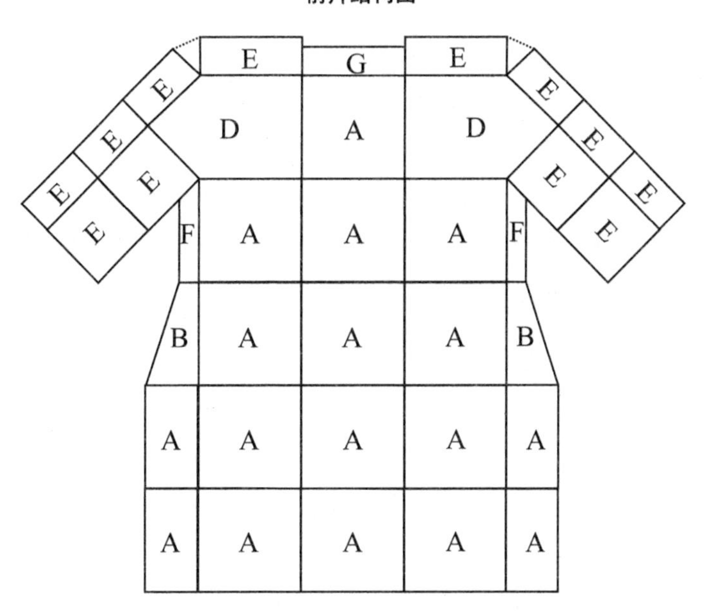

后片结构图

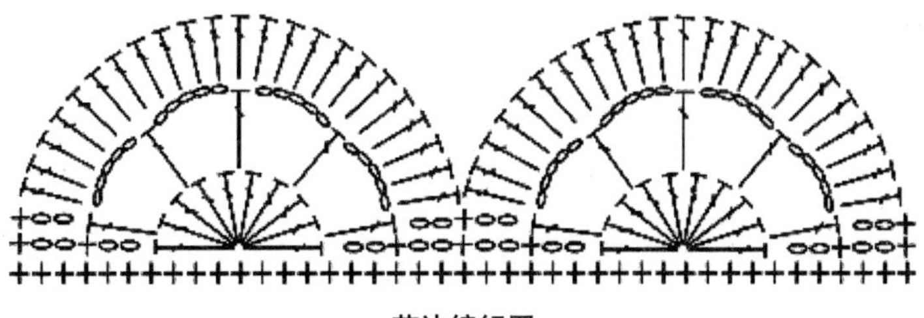

花边编织图

29 彩色page56 钩织方法

小菠萝花型一线连背心

原　　料 衣服用 1 根棉线和 2 根金属线并织，下摆边、领边和袖窿边用 2 根棉线并织，共 250 克。

钩针直径 1.2mm、1.5mm。

规　　格 胸围 84cm，衣长 49cm，下摆边 1.5cm、袖窿边、领边 0.8cm，前领深 17cm，后领宽 19cm，挂肩 18cm，肩宽 35cm。单元花花宽 7cm、花高 9.5cm。

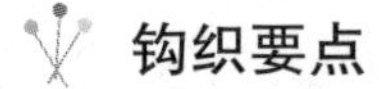

钩织要点

❶ 用 1 根棉线和 2 根金属线并织，按小菠萝花型编织图分前后片均从下往上逐个钩织。

❷ 将菠萝花用 1 根棉线沿纵向逐排插入式连接起来。注意肩部的菠萝花前后各一半。

❸ 后领处有 3 枚半花。

下摆

用 2 根棉线按花型编织图下边缘位置钩 3 行 5 针辫子针交叉网格，两花交接处均为 3 针辫子针，第 4 行钩短针和狗牙拉针组合花边。

领边和袖窿边

网格钩 1 行，其余同下摆边。

小菠萝花型编织图

前片花型排列图

后片花型排列图

30 彩色page56 钩织方法

方形拼花连接披肩

原　　料　白色棉线 200 克。

钩针直径　1.5mm。

规　　格　胸围 85cm，衣长 51cm，后领宽 17cm，单元花边长 17cm。

钩织要点

1. 按花样单元图钩织方形花样，逐个连接起来。
2. 可以将此款披肩钩成十花衣（二排）、十五花衣（三排）或二十花衣（四排）等的组合，但要注意三排或以上花样组合的情况，越往下的花型要逐渐放大。
3. 最后在左右门襟合适位置装上 2 根 25cm 长的系带。

单元花样

花样连接图

31 彩色page56 钩织方法

圆形拼花套衫

原　　料　1 根粗棉线和 1 根丝光线并织，共 550 克。

钩针直径　2mm。

规　　格　胸围 90cm，衣长 70cm，下摆边 11cm，领边 7cm，袖口边 8cm。花型 A 直径 14.5cm；花型 B 直径 15.5cm。

钩织要点

按花型A、B编织图编织单元花，再按拼花连接图和结构图将单元花逐个钩织并连接起来，并钩上花芯。

在下摆、袖口和领口处按补角图补角。

花型A

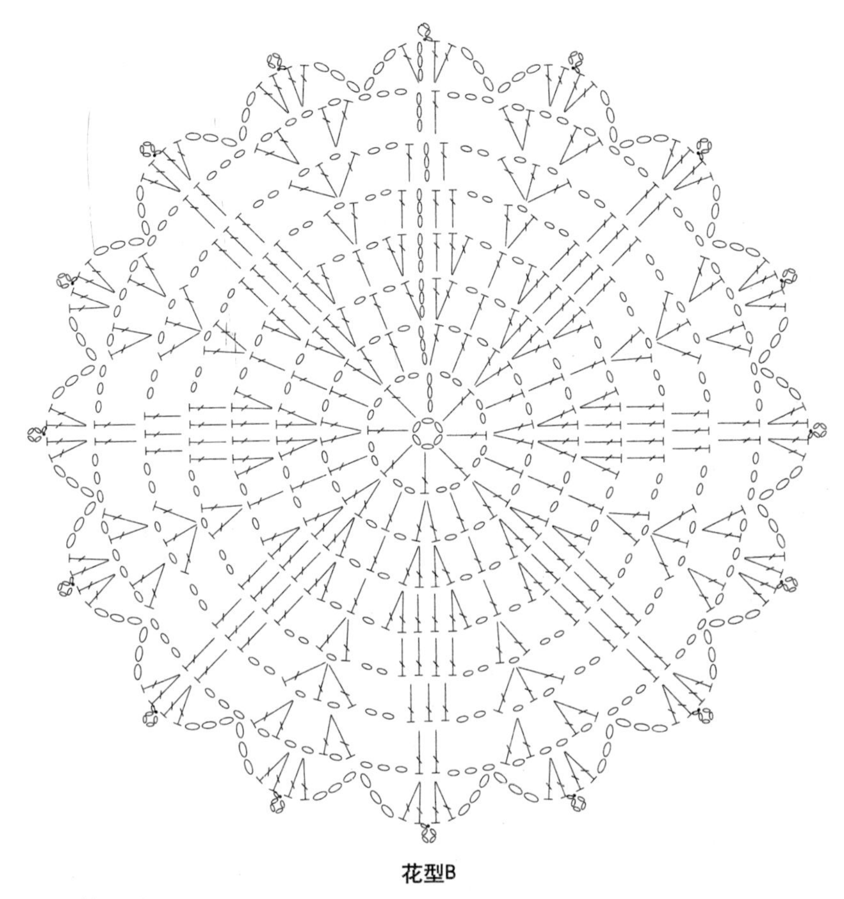

花型B

下摆边

按下摆边编织图钩下摆花型，边缘共分布（8+6）×6=84 个网格，每个网格上钩 3 针短针，共 252 针；再钩下摆花型，每朵花分布 2 个下摆花宽，下摆每个花宽为 8+13=21 针，整圈正好是 21×12=252 针。按下摆 3 层花型钩完后，沿着周边钩 1 圈短针，长针处逐针插入，小方格处中间 2 针、两边各 3 针，即 1 个花宽上有 28 针短针。然后按花边图每 3 针短针钩 1 个小月牙花型。

袖边

袖边的编织方法同下摆，共 4 个花宽，2 层花高。

领口

按分布图沿着领围钩（13+24）×2=74 个 4 针辫子针的网格，每个网格上钩 3 针短针，共 222 针，基本同下摆的花型钩，但第 1 圈长针为 9 针，花型排列前后中心为扇形花、两肩为长针，共 10 个花宽，共（9+13）×10=220 针。然后长针处均匀收针，9、7、5 针长针各 2 行，3、1 针长针各 1 行。再同下摆先钩 1 圈短针，1 个花宽上有 14 针短针，继续钩 1 圈小月牙花型。

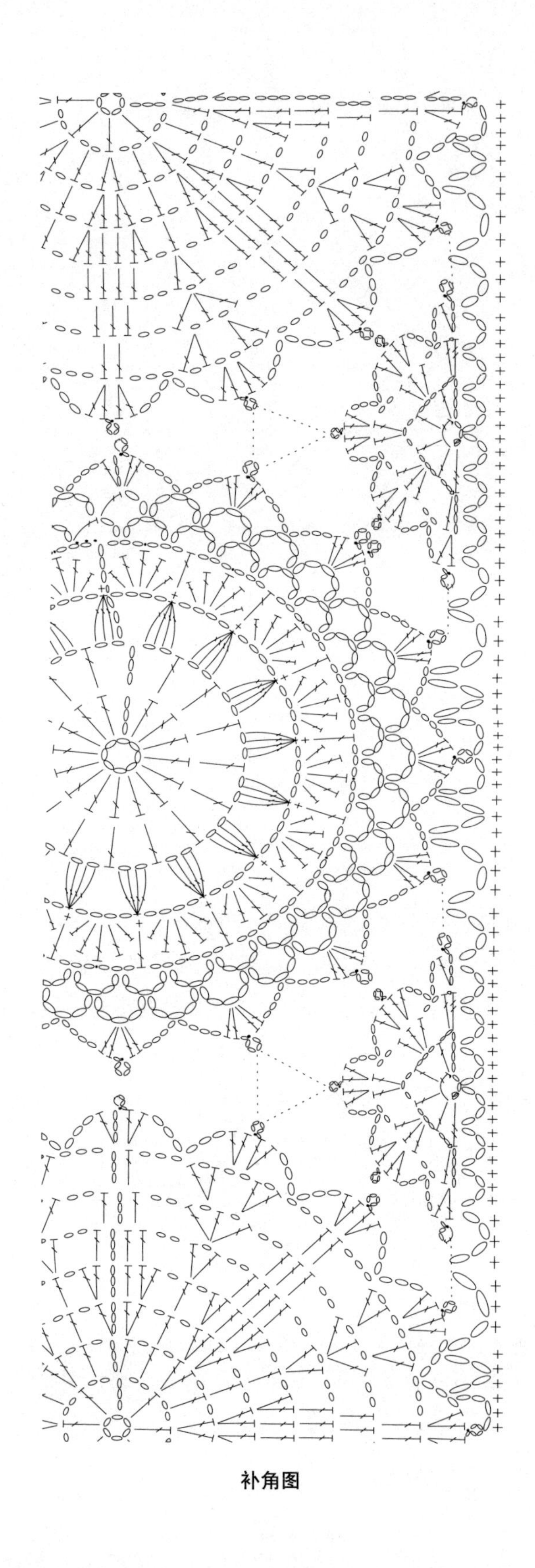

补角图

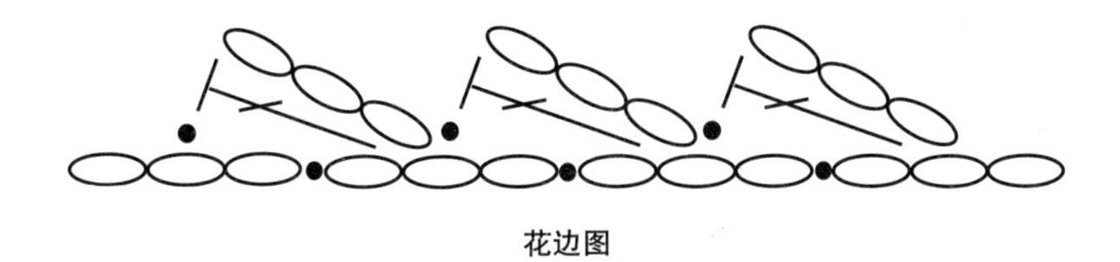

花边图

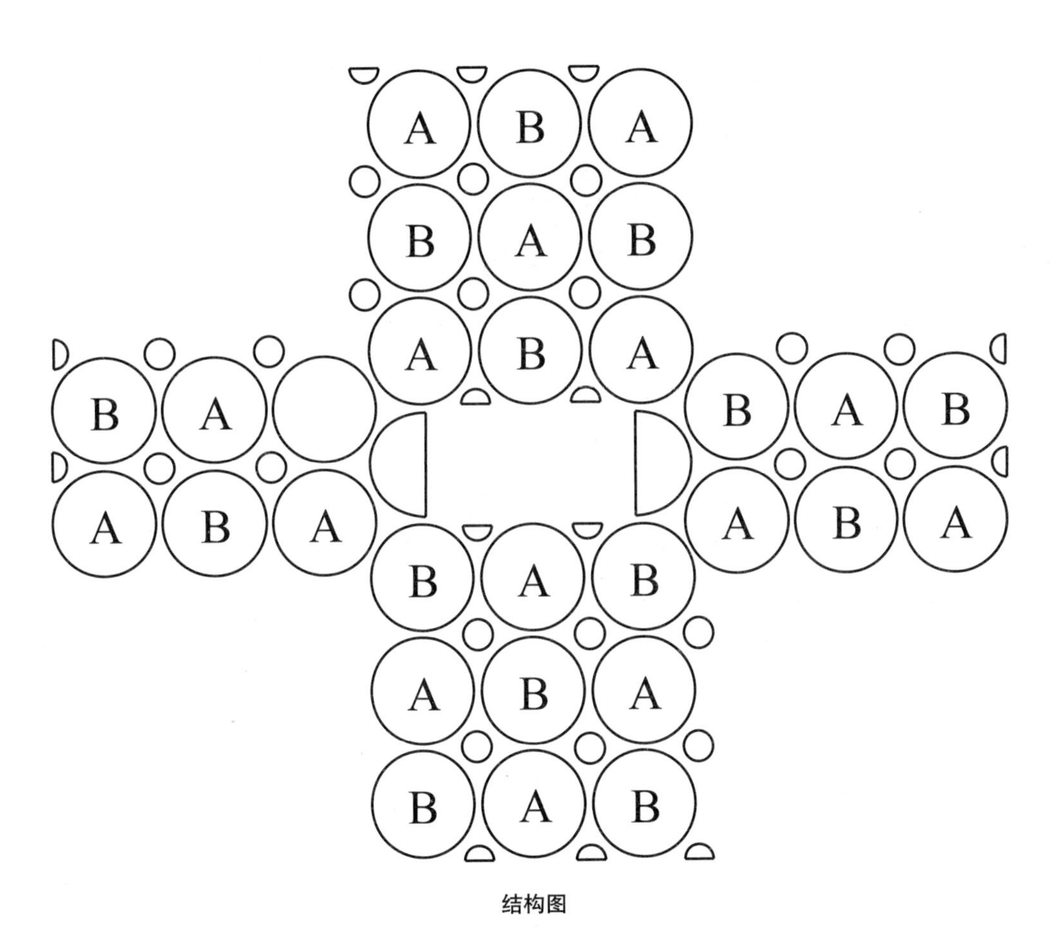

结构图

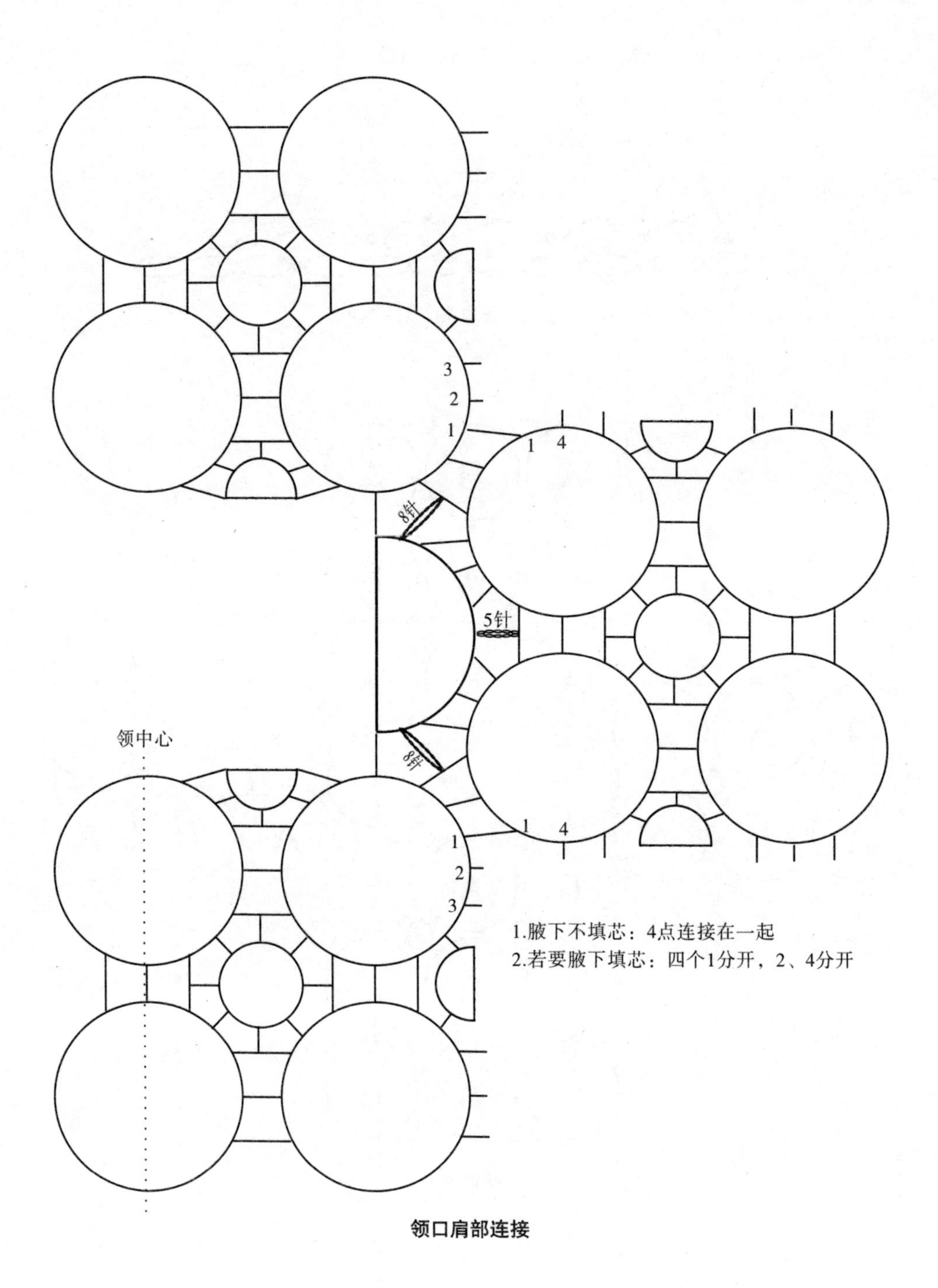
3
2
1
1
4
8针
5针
8针
领中心
1
4
1
2
3
1.腋下不填芯：4点连接在一起
2.若要腋下填芯：四个1分开，2、4分开

领口肩部连接

拼花连接图

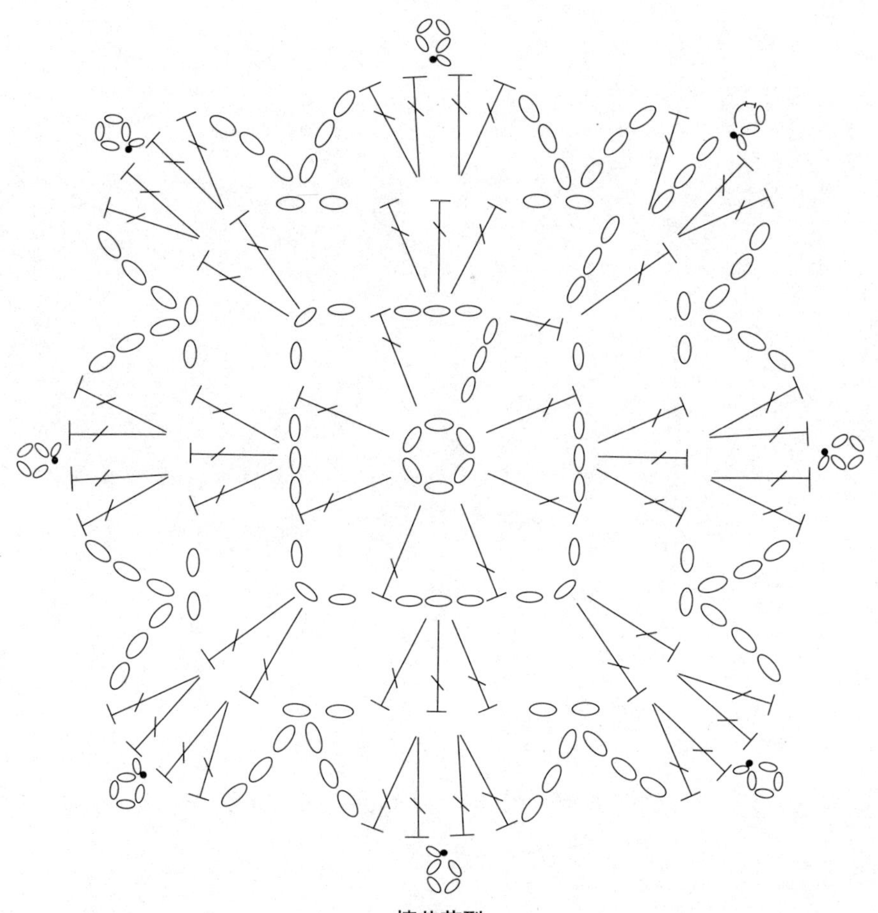

填芯花型

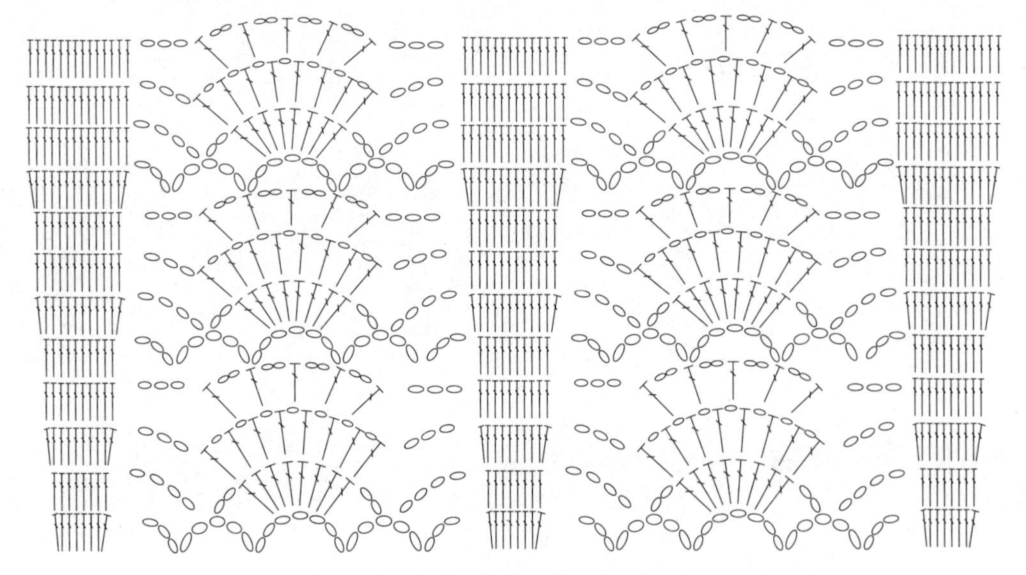

下摆边、领边、袖边花型

编织衫产品规格测量方法

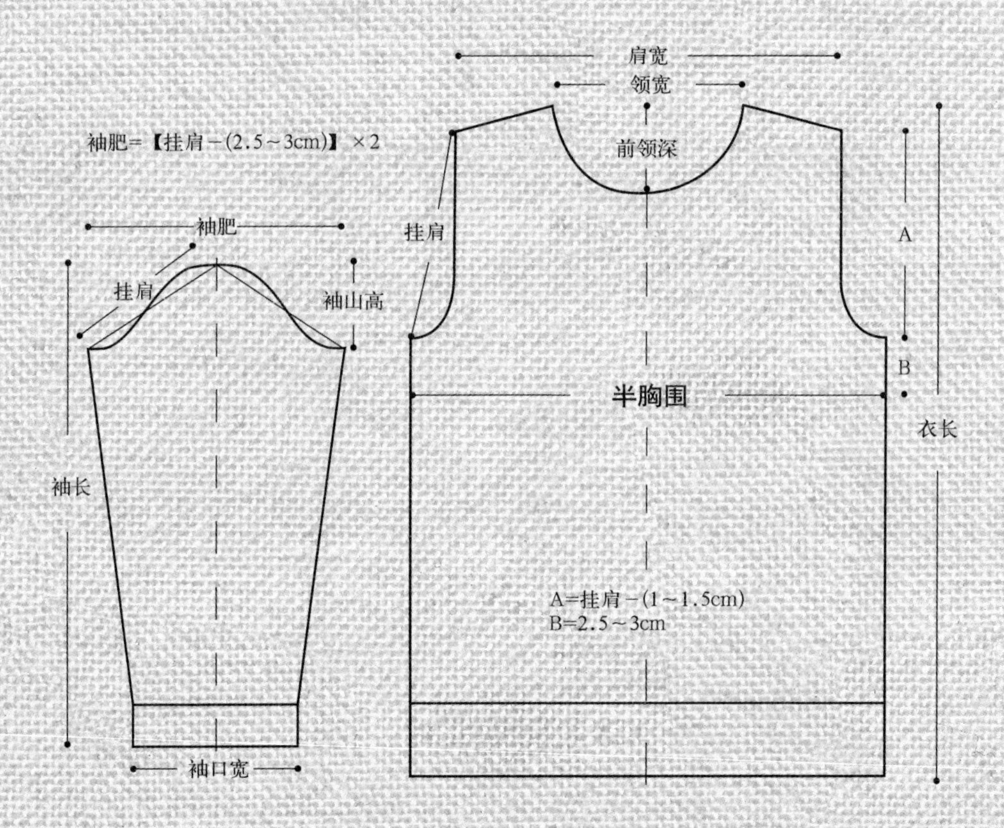